Laboratory Experiments for **General Chemistry**

일반화학실험

대학화학교재편찬회 편저

사이플러스
Science plus

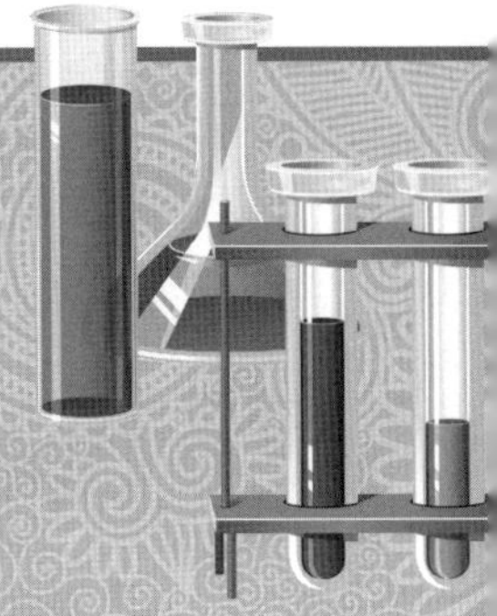

머리말

화학은 물질의 성질과 변화를 공부하고 연구하는 학문입니다. 우주에서 일어나는 모든 변화는 크게 물리적 변화와 화학적 변화로 나눌 수 있고 그 중 화학적 변화가 화학의 연구 대상입니다. 또한 우주를 구성하고 있는 모든 물질과 새로이 만들어지는 모든 물질의 성질이 화학의 관심 대상입니다. 그만큼 화학은 방대한 학문이며 그 활용 분야도 광범위합니다.

그 화학을 공부하고, 이해하며, 연구하는 데 필요한 기초적인 지식과 기본적인 원리를 가르치는 과목이 바로 일반화학(General Chemistry)입니다. 우리 대학에서는 일반화학을 '화학', '화학 1', '화학 2'라는 과목명으로 학생들에게 가르칩니다. '화학' 과목은 화학을 많이 다루지 않는 전공을 공부하는 학생들을 대상으로 한 학기 동안 강의를 진행하며, '화학 1'과 '화학 2'는 화학 관련 전공 학생들을 대상으로 두 학기에 걸쳐 강의를 진행합니다. 일반화학의 내용은 보다 수준 높은 화학을 공부하고 이해하는 데 필수적일 뿐만 아니라 타 학문 분야를 공부하는 학생들도 반드시 갖추어야 할 기초 지식이기 때문에 전 세계의 모든 대학에서는 인문사회계열 학생을 제외한 모든 1학년 학생들이 반드시 공부하도록 교과과정을 정해 놓았습니다.

'화학', '화학 1', '화학 2' 과목이 강의를 통하여 화학의 기초 지식과 기본 원리를 가르친다면 '화학 실험'은 강의실에서 배운 지식과 원리를 실험을 통하여 살아 있는 지식으로 습득하게 하는 교육과정입니다. 실험을 통하여 강의실에서 배운 내용을 복습하고, 기초 지식으로 예측한 현상이 실제로 일어나는지 확인하는 과정을 통하여 화학의 기초 지식과 기본 원리를 보다 깊이 이해하고 실제 상황에서 활용할 수 있는 능력을 배양합니다.

'화학 실험'의 내용은 일반화학 강의 진행에 맞추어 편성하였으며, 각 실험의 주제들은 강의 내용과 직접적으로 연관되면서도 학생들이 화학에 흥미를 느낄 수 있는 것들로 선정하였습니다. 학생들이 성실하게 실험에 관련된 기초 지식을 예습하고, 실험 장치를 구성하고, 실험을 진행하면서 그 결과를 관찰하고, 그 관찰의 과학적 의미를 고찰한다면 화학의 기초 지식과 기본 원리를 체득함은 물론이고, 각 학생의 전공에 필요한 과학적 연구 방법을 습득하게 될 것입니다.

끝으로 '화학 실험'을 수강하는 학생들에게 몇 가지 당부의 말씀을 드립니다. '화학 실험'의 내용을 강의에 맞추어 편성하였지만 분반에 따라 또는 강의 진도에 따라 강의를 듣지 않은 주제의 실험을 하여야 하는 경우도 있을 수 있습니다. 그런 경우에는 학생들이 실험실에 들어오기 전에 각 실험 주제의 앞부분에 있는 이론 부분을 충분히 예습하여야 실험의 내용과 실험에서 관찰한 의미를 올바로 이해할 수 있습니다. 실험실에서의 안전은 그 무엇보다도 중요합니다. 실험에서 취급하는 시약 중에는 인체에 유해한 것들도 있고 실험 장치가 파손되면 학생들에게 부상을 입힐 수도 있습니다. 또 실험실에서의 장난은 본인이나 친구에게 평생 돌이킬 수 없는 상처를 남길 수도 있습니다. 그러므로 학생들은 반드시 오리엔테이션 시간에 알려주는 안전수칙을 준수하여야 하며, 주어진 안전장치를 착용하여야 합니다. 실험 중 이상한 현상이나 예상치 못한 상황이 발생할 경우에는 임의로 처리하려 하지 말고 반드시 조교 선생님께 즉시 알리고 경험과 화학적 지식이 풍부한 조교 선생님의 지시에 따라 적절한 조치를 취해야 합니다.

수강하는 모든 학생들에게 '화학 실험' 시간이 즐겁고 유익한 시간이 되길 바랍니다.

2016년 1월 엮은이 적음

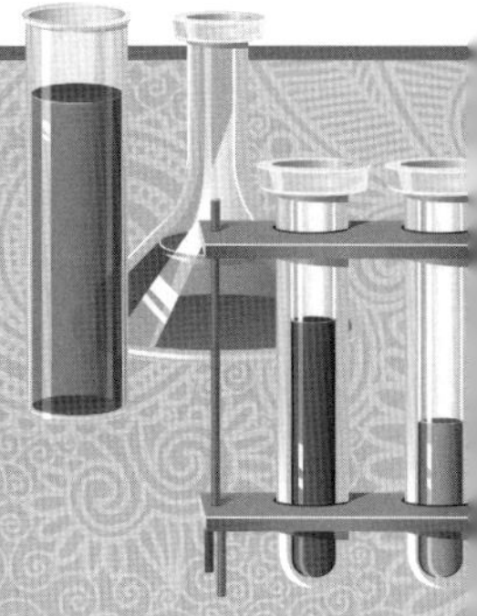

차례

LABORATORY EXPERIMENTS FOR GENERAL CHEMISTRY

제 1 부 예비편

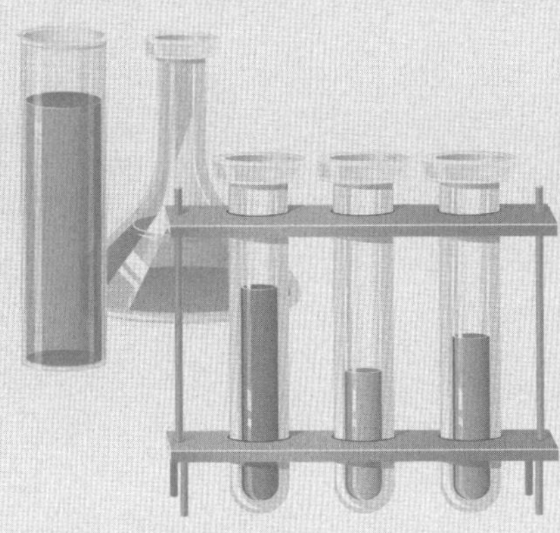

1. 실험 노트 및 실험 보고서 작성법

LABORATORY EXPERIMENTS FOR GENERAL CHEMISTRY

memo

1 실험 노트

실험을 수행하는 연구자에게 가장 중요한 것은 실험 노트이다. 지적 재산권 분쟁 등을 다루는 법정에서 실제로 실험 노트는 증거물로 채택될 수 있다. 따라서 이 공계의 연구에 있어서 실험 노트의 기록을 잘못하는 경우 엄청난 경제적 손실을 가져올 수도 있다.

화학 실험 노트에는 실험 과정에서 어떤 목적으로 무엇을 어떻게 수행하였으며, 어떤 물리화학적인 변화를 관찰하였는가를 꼼꼼히 기록하여야 한다. 더욱이 실험 노트에 기록된 모든 내용은 본인은 물론 다른 사람들이 이해할 수 있도록 기록하여야 한다. 따라서 다른 사람에 의해 그 실험이 수행될 때에도 동일한 실험 결과가 얻어질 수 있도록 매우 상세하게 기록하여야 한다. 많은 경험을 가진 연구자들조차도 완벽하지 못하거나 이해하기 어려운 노트를 작성하는 실수를 범하곤 한다. 암호를 사용해서는 안되며, 일반적으로 사용되는 기호가 아닌 기호를 사용할 경우 반드시 주석을 달아야 한다.

2 예비 실험 노트

본 교재를 사용하는 대부분의 학생들은 대학 1학년 신입생들일 것이다. 실험에 관하여 초보인 학생들은 실험을 위해 수업에 들어가기 전 예비 노트를 작성하는 것이 매우 큰 도움이 된다. 예비 노트에는 실험의 제목을 적고, 목적을 기술하고, 교재에 적혀 있는 실험 방법(대부분의 외국서적은 문장과 단락의 형태로 되어 있음)을 행동 단위로 나누어 흐름도의 순서로 정리하고, 사용하는 기구의 명칭과 용도를 파악하고, 사용하는 시약의 물리량(분자량, 녹는점, 끓는점, 상태, 액체인 경우 밀도), 취급법, 독성, 모든 화학 반응의 균형 화학 반응식과 알짜 이온 반응식 등이 기록되어 있어야 한다. 따라서 실험 도중에 필요한 자료들을 손쉽게 찾을 수 있어야 한다.

3 실험 노트

실험실에서 실험을 수행하는 과정에서 다음과 같은 사항들을 반드시 실험 노트에 기록하여야 한다.

memo

1. 제목

2. 날짜

3. 목적

4. 실제로 수행한 실험 과정의 기술

5. 결과와 관찰 사항

6. 계산 과정

7. (필요시) 작성자의 서명 및 동료 서명

훌륭한 실험 노트는 수행한 모든 실험 결과에 대한 설명을 나타낼 뿐만 아니라 다른 사람에 의해 똑같은 방법으로 정확하게 실험을 재현할 수 있게 할 것이다. 또한 2인 이상의 조별 실험을 할 경우에도 실험 노트는 반드시 각자 기록하여야 한다. 측정과 관찰은 관찰자 개인별로 차이가 있기 때문에 반드시 개인이 관찰한 내용을 각자의 실험 노트에 기록하여야 한다.

3 실험 보고서

예비 실험 노트와 실험 노트를 바탕으로 실험 보고서를 작성한다. 실험 보고서는 실험과정 동안 관찰되거나 얻어진 사실(결과)과 그 사실 속에 포함된 화학적인 이론에 대한 고찰을 기술하는 것이다. 실험 보고서는 결과에 대한 단순한 고지가 아니라 완성된 하나의 보고서의 형식을 갖추어야 한다.

1. **날짜** : 실험을 수행한 날짜를 기록한다.

2. **제목** : 실험 제목은 교재에 제시된 제목을 적는다.

3. **실험 목적** : 실험을 수행한 목적을 가장 함축적인 짧은 문장 형식으로 기술한다.

4. **원리**

   1) 배경 이론 : 실험의 기본적인 내용과 이론을 정리하여 쓴다. 그림 및 수식 등을 문헌을 참고하여 기술한다.
   2) 화학 반응식 : 많은 화학 실험에서 균형이 맞추어진 화학 반응식, 알짜 이온 반응식 등을 알아야 정량 분석, 합성 등에서 정확한 자료 처리가 가능하다.

5. **실험 기구 및 시약**

   1) 실험 기구 및 장치 : 실험에 필요한 기구와 장치의 이름과 용도를 기술한다. 분광 광도계, pH meter와 같은 기기들은 간단한 원리를 기술한다.

memo

2) 시약 : 실험에 사용한 시약들의 IUPAC 이름, 화학식, 화학식량, 용해도, 독성 등을 조사하여 기록한다. 이와 같은 기초 자료를 조사하고, 요약하여 기본 지식으로 습득하는 습관들은 향후 화학을 전공하며 전공 실험을 수행할 때나 또는 졸업 후 전문인력이 되었을 때 매우 유용한 습관이다.

6. **실험 과정** : 실험 교재를 참조하여 실험을 수행하는 실제 과정에 대해 구체적으로 정리하여 기술한다. 일반적으로 학부 과정에서는 실험에서의 동선과 관찰된 변화를 중심으로 개조식으로 기술하지만, 실제의 연구 보고서에서는 완전한 문장 형식으로 기술하는 경우가 대부분이다. 각 과정에서 얻은 측정값과 관찰 사항을 기록한다.

7. **결과** : 물리량의 측정값, 미지 시료의 농도, 합성의 수득량 등을 정리하여 표로 상세히 나타내거나 그래프로 나타내며, 이론적인 배경으로부터 이론값을 계산하여 측정 오차, 백분 수득률 등을 나타내어야 하며, 필요하다면 자료의 통계 처리를 해야 한다.

8. **토의 및 결론** : 실험에 연관된 이론적인 근거들을 바탕으로 실험 결과를 해석하여 기술하고, 발생한 실험 오차에 대한 분석을 통하여 그 원인을 밝히고, 실험을 통하여 습득한 전반적인 지식과 기술에 대하여 결론을 맺는다.

9. **참고 문헌** : 이론이나 토의 부분을 기술하기 위하여 참고한 문헌들을 목록으로 제시한다.

2. 실험실에서 지켜야 할 안전 수칙

memo

화학 실험실은 강의시간에 다룬 이론적인 지식들에 대하여 실험을 통하여 그 배경지식과 원리들을 배우는 장소이다. 따라서 화학 실험은 새로운 지식에 대한 호기심과 탐구심을 가지고 임해야 하며, 그것을 통해 학문적인 성취와 함께 즐거움이 있어야 한다.

하지만 대부분의 화학 실험이 많은 유해성 시약과 위험성을 내재하고 있는 유리기구들, 전기 제품들, 그리고 화기를 빈번하게 사용하기 때문에 실험을 수행하는 연구자들에게 위험한 사고가 발생할 가능성이 매우 높은 편이다. 따라서 화학 실험을 수행하기 전에 실험실 안전 수칙을 반드시 숙지하고 있어야 하며, 모든 실험은 주어진 안전한 절차에 따라 수행하여야 한다. 또한 만약에 일어날 수 있는 사고에 대비하여 방독면, 소화기, 소화 담요, 응급 샤워시설 및 구급약 등이 준비되어 있어야 한다.

1 복장

1. 반바지, 치마 등의 착용을 삼가고, 작업이 용이한 긴소매, 긴바지를 착용하기를 권하며, 그 위에 산이나 염기로부터 비교적 강한 재질로 된 두꺼운 실험복(또는 실험 앞치마)을 항상 착용하여야 한다.
2. 하이힐, 샌들 등의 착용을 삼가고, 발등을 덮는 잘 미끄러지지 않는 운동화(또는 구두)를 착용하여야 한다.
3. 긴 머리의 경우 불꽃에 노출되거나 화학 물질에 쉽게 오염될 수 있으며, 장치들에 끼일 가능성이 있으므로 반드시 단정하게 묶어주어야 한다.
4. 위험한 화학 물질 또는 깨어진 유리 조각들이 눈에 들어가게 되면 실명할 우려가 있으므로 반드시 보안경을 착용하여야 한다. 가능하면 콘택트렌즈는 착용하지 않도록 한다.

2 시약

1. 시약은 시약병을 정확히 한 손으로 받치고 다른 한 손으로는 병의 몸통을 잡고 이동해야만 한다. 절대 뛰거나 흔들어서는 안 되며, 냄새를 맡아서도 안

된다. 독성이 있거나 냄새가 심한 기체가 발생할 때에는 항상 후드에서 실험하여야 한다. 후드를 사용할 때에는 후드 안에 머리를 넣지 않도록 한다.

2. 화학 실험실에서 사용하는 대부분의 시약은 유독성 물질이기 때문에 맛을 보아서는 안 된다. 특히 합성한 시약이 시중에서 판매되는 물질과 같은 물질이라고 판단하여 맛을 보거나 먹어서는 절대로 안된다. 실험실에서 합성된 물질들은 정제되지 않은 것으로 검증되지 않은 불순물들을 포함하고 있기 때문에 치명적일 수 있다.

3. 시약은 반드시 시약병에 표기된 정보들을 확인한 후 사용하여야 한다. 화학 반응의 각 단계에서 실수로 다른 시약을 사용하였을 때에는 독극 물질 발생, 폭발, 연소 등 예기치 않은 사고를 유발할 수 있다.

4. 실험에 사용한 물질은 종류(산, 염기, 유기물, 고체 등)에 따라 회수통에 분리하여 회수하여야 한다. 함부로 싱크대나 휴지통에 버려서는 안 된다. 시약병에서 따라낸 과량의 액체 시약 역시 회수통에 버리도록 한다. 절대로 시약들을 원래의 시약병에 다시 담아서는 안 된다.

3 실험 기구

1. 가능하면 실험실에서 가스 버너를 사용하지 않기를 바란다. 부득이 유리 기구의 세공, 고체 물질의 열분해 등을 위해 가스 버너를 사용하는 경우에는 사전에 사용방법을 충분히 익힌 후 사용하여야 한다. 유리 기구를 가열할 경우에는 반드시 가열망을 사용하여 유리 기구에 직접 불꽃이 닿지 않도록 한다.

2. 유리관이나 온도계 등을 고무마개에 끼우고자 할 때에는 장갑을 착용한 상태에서 유리관의 마개에서 가까운 부분을 잡고 유리관에 물 또는 글리세롤을 묻혀서 끼우도록 한다. 이때 무리하게 힘을 가하면 유리관이 깨져 상해를 입을 수 있으므로 주의하여야 한다. 잘라진 유리관의 끝부분은 가스 불꽃으로 둥글게 하거나 사포(또는 줄)로 연마해 준 후 사용하여야 한다. 뜨거운 유리 기구는 반드시 집게나 장갑을 사용하여 다루어야 한다.

3. 액체를 끓일 때 갑자기 끓어오르는 것을 방지하기 위하여 끓임쪽을 넣어 준다. 인화성이 있는 액체는 반드시 물중탕 냄비를 사용하여 가열한다.

4 실험실에서의 행동

1. 실험을 시작하기 전에 반드시 실험 책에 있는 내용들과 관련된 교재의 내용을 주의 깊게 읽고 예비 노트를 작성하여야 한다. 실험에 대한 준비가 안 된

memo

학생은 본인은 물론 다른 학생들에게 위험을 초래할 수도 있다.

2. 실험에 불필요한 가방이나 외투 등은 지정된 장소에 보관한다.

3. 실험을 수행할 때는 절대로 혼자서 실험하면 안되며, 적어도 한 명 이상이 항상 함께 있어야 한다. 필요할 때면 언제나 조교 선생님과 곧바로 연락이 될 수 있어야 한다.

4. 실험이 종료된 후에는 사용한 각종 기구 및 시약은 항상 본래의 위치에 가져다 놓는다.

5. 화재 혹은 사고가 발생하였을 때는 지체 없이 조교 선생님에게 보고하여야 하며, 상해를 입었을 경우에는 즉시 병원에서 반드시 의료 처치를 받아야 한다.

3. 실험 조교를 위한 지침서

LABORATORY EXPERIMENTS FOR GENERAL CHEMISTRY

memo

1 조교의 역할 및 책임

실험 조교는 가르치는 모든 학생들에게 학문적, 기술적, 인격적으로 중요한 공헌을 해야 하는 책임감 있고 의무감을 요구하는 직책이다. 조교 자신 또한 이러한 책임감을 가지고 지도하거나 가르침을 통하여, 학생들의 관점에서 사물을 바라보는 폭넓은 객관성, 어떤 지식이나 기술들을 알기 위해 노력하는 학생과의 공감대 등을 느끼면서 새로운 지식과 능력을 얻게 될 것이다.

조교는 대학의 수업을 보좌하거나 가르치는 사람들을 부르는 전형적인 명칭이며, 많은 경우 조교는 훗날 교수가 될 것을 목표로 하여 석사나 박사 과정을 공부하고 있는 학생들이다. 그렇지만 특정한 주제에 대한 이해력이 특별한 학부생들도 조교가 될 수 있다. 어떠한 경우이든 간에 조교의 일반적인 역할은 대학교 학생들을 대상으로 특정한 과정을 가르치는 것이다. 일반적으로 조교가 가르치는 주제 또는 과목은 조교에게 가르치라고 부탁하는 담당 교수나 학과에 의해 결정된다. 즉, 해당 수업을 가장 효과적으로 진행하기 위하여 가장 적합한 학생에게 교수나 학과에서 의뢰하게 된다. 바꾸어 말해서 학생들은 단순히 조교로서 구직 신청을 하거나 자발적으로 지원한다고 해서 조교가 되는 것이 아니다.

대학교의 조교는 대부분의 경우에 학과 학생들을 가르치는 책임과, 수업에 대한 학생들의 이해 정도를 평가하는 책임, 그리고 학생들의 공식적인 대학 생활의 기록의 한 부분이 되는 최종 학점을 결정하는 책임을 가진다. 실제 수업을 바탕으로 진행되는 교과 과정의 이수는 학과의 교수에 의해 진행되거나, 학과 내에서 교과 과정의 일부를 담당하여 가르치고 있는 조교들에 의해 이루어진다. 마찬가지로 최종 시험이나 학생들의 최종 평가 역시 교수, 조교에 의해서 계획되고 진행된다. 만약 조교가 독립적으로 이수과정이나 최종 시험을 정한다면 담당 교수는 그것을 재검토하고 승인해야 한다.

조교들은 일반적으로 그들이 가르치고 있는 과목에 대해 폭넓은 전문 지식을 가지고 있는 담당 교수들에게 지도를 받는다. 즉, 조교는 완벽한 교수 능력을 갖추고 있지 않기 때문에 궁금한 점이 있거나 수업을 하면서 어려운 점이 있으면 교수를 찾아가 스스로 지도를 받아야 한다는 것이다. 대학은 가능한 한 모든 학생들에게 가장 좋은 교육을 제공할 수 있도록 노력하여야 하며, 대학은 훌륭한 교육을 할 수 있도록 조교들을 훈련시키고 도와주는 프로그램을 갖추어야 한다.

조교들에게 요구되는 책임이 때로는 큰 부담으로 느껴질 때가 있다. 우선 조

memo

교들은 최근에 가르친 과목에 대하여 충실하지 못했다고 느낄 수도 있고, 또한 학생의 신분으로 가르치는 것이 무척 어렵다고 느낄 수도 있을 것이다. 특히 그들 스스로가 정한 높은 기준과 담당 교수가 그들에게 갖는 큰 기대감 때문에 더욱 그렇게 느낄 수 있을 것이다. 그렇지만 한 학기의 임무를 훌륭하게 완수하였을 때, 그 수업을 수강한 학생들과 교수로부터 인정을 받을 수 있다는 것이 가장 큰 보람이 될 것이다.

2 학생들을 이해하고 그들에게 동기 부여하기

이 절에서는 각 학생들에 대한 조교의 이해심과, 학생들에게 동기 부여를 할 수 있는 방법, 인간의 발전, 인식, 배움에 대한 조교 자신의 이해 정도가 수업의 효과를 향상시키기 위해 어떤 역할을 하는지에 대해 설명할 것이다. "학생들을 이해하고 그들에게 동기 부여하기"라는 이 절의 의도는 학습 스타일, 선호도, 또는 장점이나 단점에 대한 연구를 평가하거나 특징적인 학생들을 위한 또 다른 계획안을 준비해야 하는 입장을 취하기 위한 것이 아니다. 대신 학생들이 가장 쉽게 배울 수 있는 방법을 다양하게 준비하는 것과 한 명의 학생에게서 순간순간, 매일, 그리고 매주마다 발견되는 차이점이 다른 많은 학생들 사이에서 발견되는 차이점보다 훨씬 크다는 것을 깨닫게 하고자 하는 것이다. 그 기본적인 내용은 다음과 같다.

1. 모든 학생들을 한 명 한 명의 개인으로서 이해하도록 노력한다.
2. 선입견을 가지고 배우는 사람으로서 학생들을 분류하거나 평가하는 것을 피한다.
3. 학생들이 다양한 측면을 변화시키고 논증할 수 있다는 것을 기대한다.
4. 매 순간 듣고 보는 것을 통해 학생들을 유심히 관찰한다.

4. 실험실에서 흔히 사용하는 시약

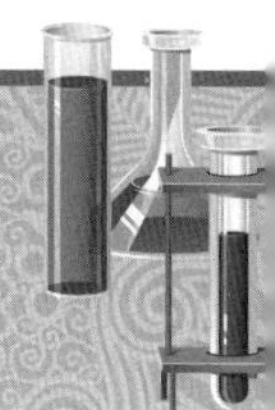

LABORATORY EXPERIMENTS FOR GENERAL CHEMISTRY

memo

1 산(acid)

1 황산(sulfuric acid), H_2SO_4

황산은 공업적으로 18 M H_2SO_4 용액, 즉 질량으로 98% H_2SO_4를 함유하는 용액으로 공급된다. 물과 만나면 많은 열을 내면서 격렬하게 반응한다. (주의. 진한 황산은 언제나 물에 가하여 묽혀야 한다.) 황산은 센 산이며 H^+ 이온의 편리한 공급원이다. 18 M 황산은 강한 탈수력을 가졌으며, 약한 산화력을 지니고 있다. 만일 금속을 녹이기 위하여 황산을 쓸 때는 절대로 과량으로 사용해서는 안 된다. 그 까닭은 용액을 증발시키기 어렵고, 또 증발될 때 심한 독성을 가진 삼산화황(SO_3)이 방출되기 때문이다.

2 질산(nitric acid), HNO_3

질산은 15 M HNO_3으로 판매되며, 이것은 질량으로 70% 질산을 포함한다. 이 산은 센 산화제이며, 활동도가 큰 금속을 제외한 다른 여러 금속을 녹이는 데 쓰인다. 산화반응을 일으키면 보통 갈색의 이산화질소(NO_2)를 만들어 낸다. 과량의 산은 후드에서 계속 끓여서 용액에서 제거시킬 수 있다. 갈색 증기가 더 이상 나오지 않으면 그 용액에는 질산이 없는 것이다. 묽은 질산 용액(6 M)은 15 M의 진한 질산보다 일반적으로 금속에 대하여 산화력이 강하다. 진한 질산은 금속 표면에 얇은 막의 금속 산화물을 이루어 금속이 계속 산화되는 것을 방해하는 경우가 있다(즉, 그 금속은 부동태가 된다). 특히 알루미늄, 크로뮴 및 철에서 이런 현상이 주로 관찰된다. 주석은 15 M 질산에 의하여 완전히 산화되어 녹지 않는 이산화주석(SnO_2)을 형성한다.

3 염산(hydrochloric acid), HCl

염산은 보통 질량으로 37% HCl를 포함한 12 M 용액으로 판매된다. 염산은 전형적인 센 산이고 H^+ 이온의 원천으로 쓰인다. 이것은 표준 산화 전위가 수소보다 큰 금속을 녹여서 수소 기체와 금속의 양이온을 형성한다. 이 산은 상당히 휘발성이어서 황산과 같은 비휘발성 산을 가하거나 후드에서 끓이면 완전히 제거할 수 있다.

memo

4 인산(phosphoric acid), H_3PO_4

인산은 3단계로 이온화하는 약한 산이다. 보통 질량으로 85% H_3PO_4인 15 M 용액으로 시판되고 있다. 이것을 "시럽인산"이라고 한다. 인산은 비교적 휘발성이 없고, 가열하여도 분해되지 않으며, 염산과 같이 산화력이 없다.

5 아세트산(acetic acid), CH_3COOH

아세트산은 가장 많이 쓰이는 유기산으로서, 보통 99.7% CH_3COOH인 18 M 용액으로 시판되고 있다. 아세트산은 가장 많이 쓰이는 약한 산($K_a = 1.76 \times 10^{-5}$)이다. 주로 수용액에서 pH 3~6 사이의 완충 용액을 만드는 데 쓰인다. 이 산은 15 M 질산과 화합하여 폭발성 물질이 된다.

2 염기(base)

1 수산화소듐 또는 수산화나트륨(sodium hydroxide), NaOH

수산화소듐은 용액에서 수산화 이온의 가장 보편적인 원천으로 쓰인다. 물에 질량비로 50%의 농도인 용액까지 만들 수 있으나, 일반적인 실험목적으로 쓰이는 용액은 6 M 용액이다. 고체 수산화소듐을 물에 녹일 때에는 많은 열이 발생한다. 수산화소듐 용액은 강한 염기성이므로 공기 중에서 이산화탄소(CO_2)를 쉽게 흡수하여 탄산소듐(Na_2CO_3)을 형성한다. 이 이유 때문에 수산화소듐은 산의 표준 용액을 만들기 위한 1차 표준 물질로는 쓰일 수 없다. 수산화소듐 용액도 알루미늄이나 아연을 녹이고 수소기체를 발생시킨다.

2 암모니아 수용액(aqueous ammonia solution), NH_4OH

기체 암모니아($NH_3(g)$, bp −33℃)의 수용액을 때때로 수산화암모늄이라고 부른다. 보통의 진한 용액은 질량비로 30%의 암모니아를 포함한 15 M 암모니아 용액이다. 이것은 전형적인 약염기($K_b = 1.8 \times 10^{-5}$)이고, pH 8~10 사이의 완충 용액을 만드는 데 쓰인다. 수산화암모늄 용액에 수산화소듐을 가하고 가열하면 암모니아는 용액에서 쉽게 제거된다. 용액에 녹아 있는 암모니아는 H^+ 이온과 반응하여 NH_4^+ 이온을 형성하며, Cu^{2+}, Cd^{2+}와 같은 양이온과는 금속의 암모늄 착이온을 형성한다.

3 기타 시약

1 과산화수소(hydrogen peroxide), H_2O_2

과산화수소는 30% 용액으로 시판되지만, 실험실에서는 훨씬 묽은 용액을 쓴다.

memo

과산화수소는 상당히 센 산화제이다. 과산화수소는 또한 약간의 환원력도 지니고 있다. 용액에 포함된 여분의 과산화수소는 몇 분 동안 가열하면 제거될 수 있다. 이때 산소가 발생한다.

2 과망가니즈산포타슘(potassium permanganate), $KMnO_4$

과망가니즈산포타슘은 상당히 강한 산화제이며 환원 생성물은 산성 용액에서는 Mn^{2+} 이온이고, 염기성에서는 녹지 않는 이산화망가니즈(MnO_2)이다. 과망가니즈산 포타슘과 18 M 황산을 절대로 섞어서는 안 된다.

3 페놀프탈레인 용액

60% 메탄올 1 L에 약 1 g의 페놀프탈레인을 녹인다.

4 메틸 오렌지 용액

소량의 온수에 메틸 오렌지 1 g을 녹인 후 전체 부피가 1 L가 되도록 물로 묽힌다.

5 EBT 지시약

1 g의 Eriochrome Black T를 메탄올 100 mL에 녹이고 여과지에 걸러서 점적병에 보관한다.

6 녹말 용액(starch solution)

가용성 녹말 1 g을 100 mL의 물에 넣고 저어주면서 가열하여 녹인다.

7 아이오딘 용액

아이오딘(I_2) 약 14 g과 아이오딘화포타슘(KI) 36 g을 100 mL의 물에 넣고 저어주면서 가열하여 녹인다.

5. 실험실에서 사용하는 기구

memo

불꽃 퍼지게
(Flame spreader)

조임 클램프
(Pinch clamp)

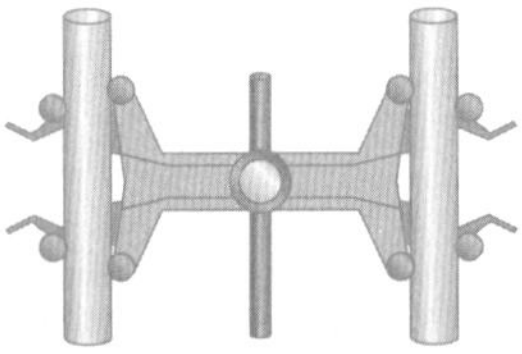

쌍뷰렛 클램프
(Double buret clamp)

고무 폴리스맨
(Rubber policeman)

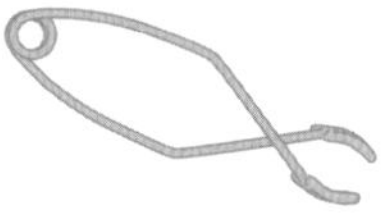

시험관 집게
(Test tube holder)

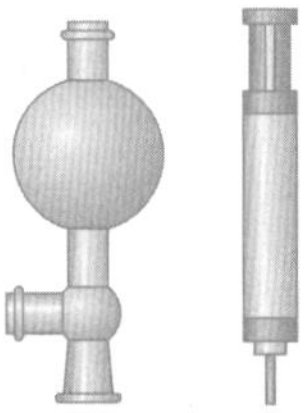

필러
(Filler)

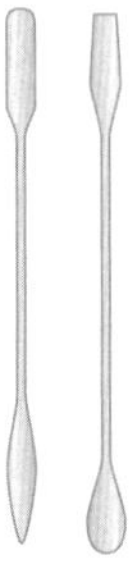

약수저
(Spatula)

온도계
(Thermometer)

전자 저울
(Electronic balance)

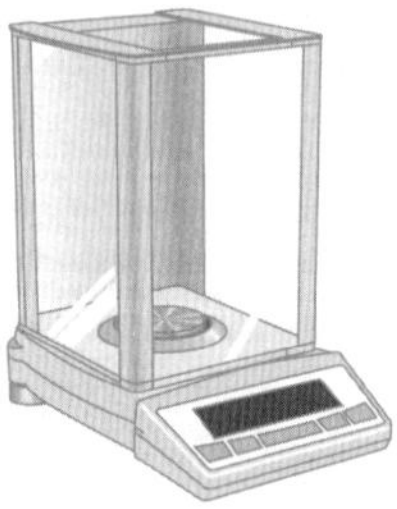

(Analytical balance)

(Top-loading balance)

유리 막대
(Glass rod)

줄
(File)

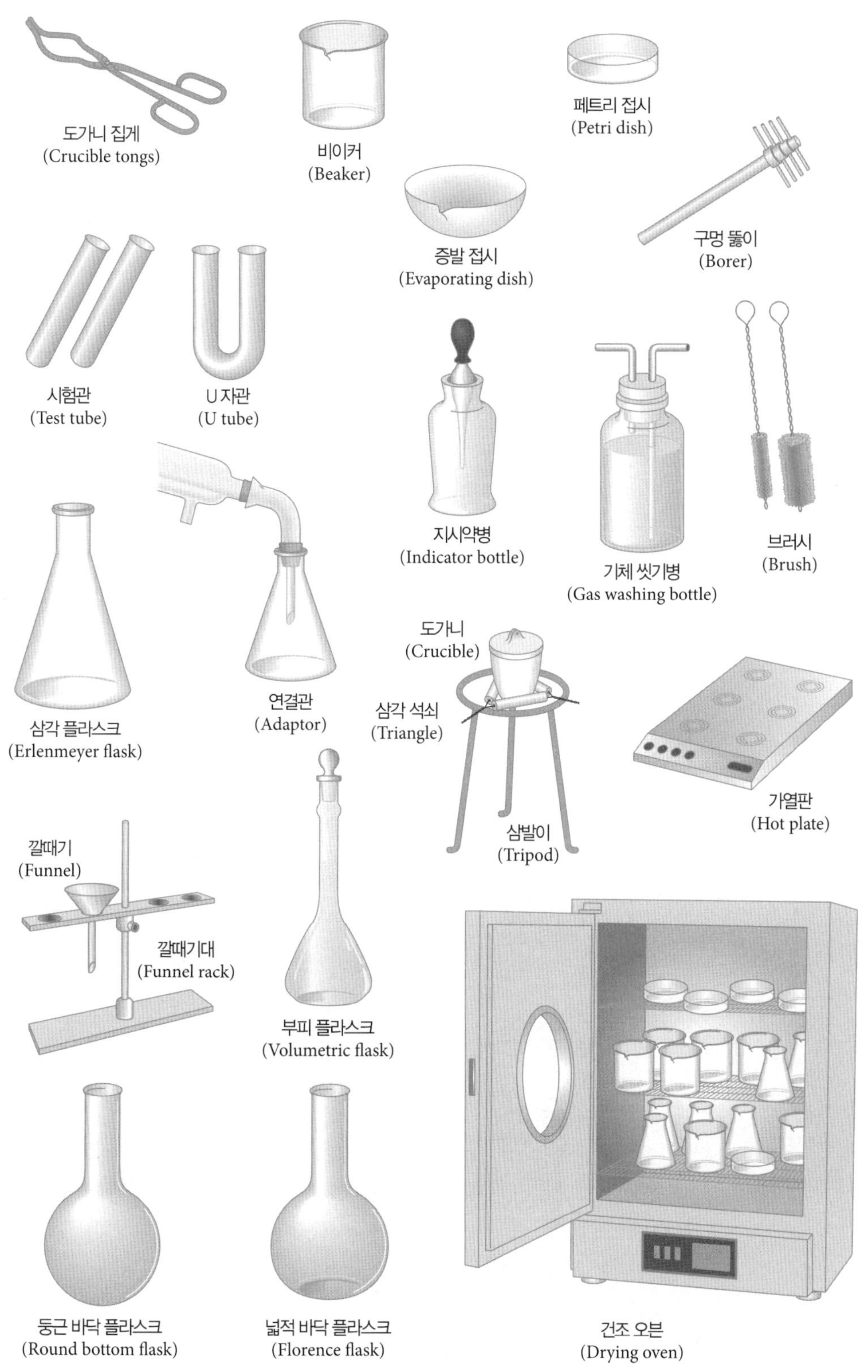
도가니 집게
(Crucible tongs)
비이커
(Beaker)
페트리 접시
(Petri dish)
증발 접시
(Evaporating dish)
구멍 뚫이
(Borer)
시험관
(Test tube)
U 자관
(U tube)
지시약병
(Indicator bottle)
기체 씻기병
(Gas washing bottle)
브러시
(Brush)
삼각 플라스크
(Erlenmeyer flask)
연결관
(Adaptor)
도가니
(Crucible)
삼각 석쇠
(Triangle)
삼발이
(Tripod)
가열판
(Hot plate)
깔때기
(Funnel)
깔때기대
(Funnel rack)
부피 플라스크
(Volumetric flask)
둥근 바닥 플라스크
(Round bottom flask)
넓적 바닥 플라스크
(Florence flask)
건조 오븐
(Drying oven)

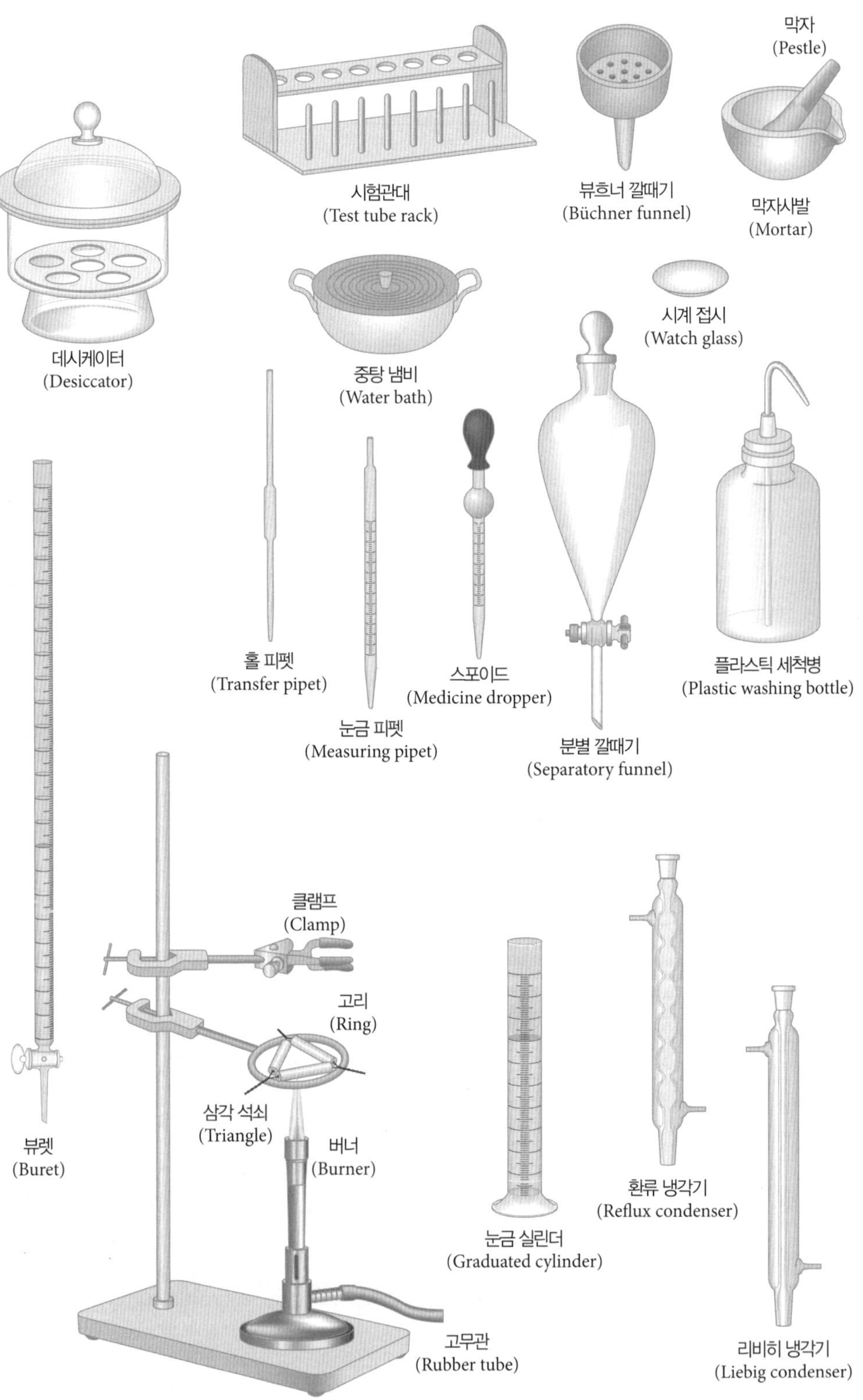

막자
(Pestle)
데시케이터
(Desiccator)
시험관대
(Test tube rack)
뷰흐너 깔때기
(Büchner funnel)
막자사발
(Mortar)
중탕 냄비
(Water bath)
시계 접시
(Watch glass)
홀 피펫
(Transfer pipet)
눈금 피펫
(Measuring pipet)
스포이드
(Medicine dropper)
분별 깔때기
(Separatory funnel)
플라스틱 세척병
(Plastic washing bottle)
클램프
(Clamp)
고리
(Ring)
삼각 석쇠
(Triangle)
버너
(Burner)
뷰렛
(Buret)
눈금 실린더
(Graduated cylinder)
환류 냉각기
(Reflux condenser)
리비히 냉각기
(Liebig condenser)
고무관
(Rubber tube)

memo

안전관리 동영상 감상문

(1학기)

memo

memo

memo

memo

안전관리 동영상 감상문

(2학기)

memo

memo

memo

제2부 실험편

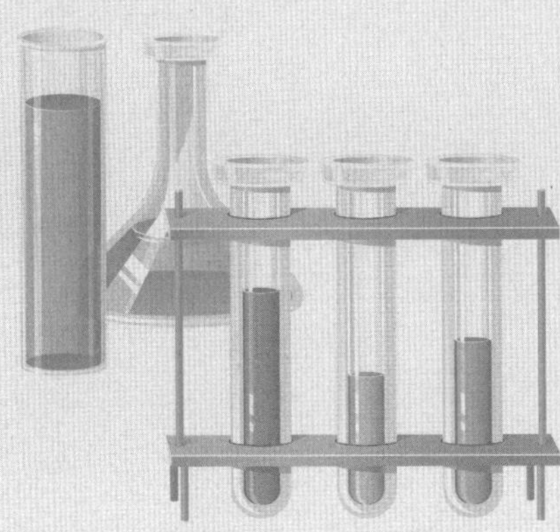

기체의 성질

실험 ▸ 1

LABORATORY EXPERIMENTS FOR GENERAL CHEMISTRY

memo

I 실험 목표

간단한 실험을 통하여 책으로 공부한 기체의 성질을 체득한다. 이 실험에서는 특히 보일의 법칙과 샤를의 법칙을 살펴본다.

II 실험 이론

우리는 대기라고 부르는 기체 혼합물 속에서 태어나고, 자라며, 살다가 죽는다. 기체는 구성 입자(분자)들이 자유롭게 움직이고 있는 가장 단순한 물질의 상태로 입자 간의 평균 거리가 액체나 고체에 비해 훨씬 길다. 다시 말하면 기체상에서는 분자가 차지하고 있는 공간보다 비어 있는 공간이 월등히 크다. 이 때문에 기체는 액체나 고체에 비해 쉽게 압축되며, 빠르게 확산되는 특성을 갖는다. 또 분자들이 지속적으로 빠르게 운동하고 있기 때문에 어떠한 용기도 즉시 가득 채운다.

기체의 압력은 운동하는 기체 분자가 용기의 벽에 충돌하면서 가하는 단위 면적당 힘이다. 즉,

$$\text{압력} = \frac{\text{힘}}{\text{면적}} \qquad \text{(식 1-1)}$$

이다. 압력의 표준 단위는 Pa인데, 1 Pa = 1 N/m^{2}이다. 표준 단위보다 흔히 사용하는 단위로 torr와 atm이 있다. 1 torr는 수은 1mm의 높이에 해당하는 압력으로 mmHg라고도 쓴다. 1 atm은 표준 대기압으로 1 atm = 760 torr = 101,325 Pa이다. 또 공학 분야에서 흔히 사용하는 단위로 psi가 있는데, lb/in^2(**p**ound per **s**quare **i**nch: **psi**)를 의미하며 1 atm = 14.7 psi이다.

압력, 온도, 부피 변화에 따른 기체의 거시적 거동을 기술하는 경험 법칙으로 보일(Boyle)의 법칙, 샤를(Charles)의 법칙, 아보가드로(Avogadro)의 법칙이 있다.

보일의 법칙은 일정한 온도에서 기체의 부피와 압력이 서로 반비례한다는 것이다. 즉,

$$V \propto \frac{1}{P}\ [T, n \text{ 일정}] \qquad \text{(식 1-2)}$$

으로 나타낼 수 있으며, 다음과 같이 나타낼 수도 있다.

memo

$$PV = \text{상수 또는 } V = \frac{\text{상수}}{P}\ [T, n \text{ 일정}] \qquad (\text{식 } 1\text{-}3)$$

이 관계를 그림 1-1과 같이 그래프로 나타낼 수 있다.

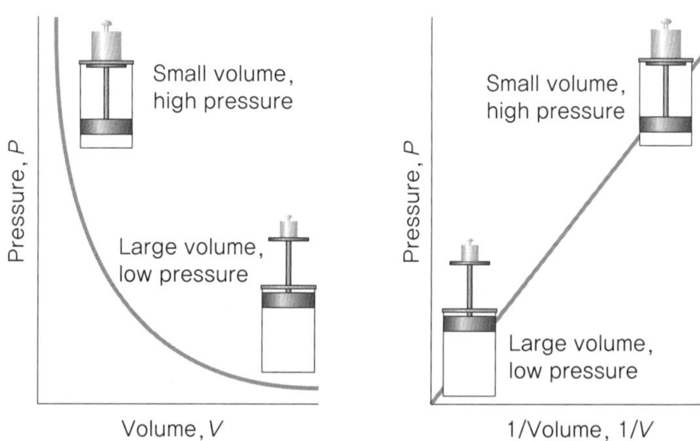

그림 1-1 보일의 법칙

샤를의 법칙은 일정한 압력에서 기체의 온도와 부피와의 정량적 관계를 나타낸다. 즉, 일정한 압력에서 일정량의 기체의 부피는 온도(절대온도)에 비례한다는 것이다.

$$V \propto T \quad [P, n \text{ 일정}] \qquad (\text{식 } 1\text{-}4)$$

이 관계를 그래프로 나타내면 그림 1-2(a, b)와 같다.

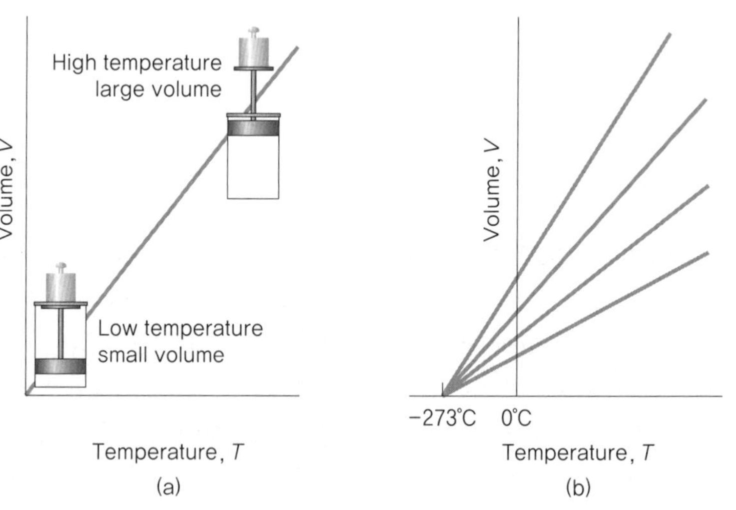

그림 1-2(a, b) 샤를의 법칙

기체 용기의 부피가 일정하게 고정되어 있는 경우에는 기체의 압력이 온도에 비례하게 된다.

$$P \propto T \quad [V, n \text{ 일정}] \qquad (\text{식 } 1\text{-}5)$$

그림 1-2(b)에서와 같이 샤를의 법칙을 이용하면 절대 영도를 구할 수 있다. 아보가드로의 법칙은 일정한 온도와 압력에서 기체의 양(몰수)과 부피와의 관계를 나타낸다. 즉, 일정한 온도와 압력에서 기체의 부피는 몰수에 비례한다는 것이다.

$$V \propto n \quad [P,\ T \text{ 일정}] \qquad \text{(식 1-6)}$$

위의 세 기체 법칙을 통합하면 이상기체 법칙을 얻을 수 있다. 즉, 식 1-2, 식 1-3, 식 1-5를 하나로 묶으면

$$V \propto \frac{nT}{P}$$

인데, 여기에 비례상수 R를 도입하여 등식으로 바꾸고, 양변에 P를 곱하면 이상기체 법칙을 얻는다.

$$\mathrm{P}V = nRT \qquad \text{(식 1-7)}$$

이 식의 R을 기체상수라고 부르며, $0.08206\ L \cdot atm/mol \cdot K = 8.314\ J/mol \cdot K$의 값을 갖는다.

실제 기체는 이상기체와 달리 분자가 크기(다른 표현으로 가까운 거리에서의 반발력)를 가지며, 또 분자간 인력(van der Waals 힘)을 가지므로 이상기체 법칙에서 벗어나게 된다. 그러나 흔히 사용하는 상온(25°C), 비교적 낮은 압력(10 atm 이하)에서 대부분의 실제 기체의 거동은 이상기체 법칙에서 크게 벗어나지 않으므로 실제 기체에 대한 근사식으로 이상기체 법칙을 사용할 수 있다.

III 주의 및 참고사항

1. 주사기를 가스압력센서에 연결시킬 때 연결입구가 손상되지 않도록 주의한다.
2. 압력에 관계된 실험으로 가스압력센서와 플라스크의 호스 연결부분, 플라스크와 플라스크마개 부근에서 기체가 새어 나가는 곳이 없는지 꼼꼼히 확인한다.
3. 핫플레이트 가열 시 둥근 플라스크에 연결된 호스와 온도 센서의 전선이 핫플레이트에 닿지 않도록 주의한다.

IV 실험기구 및 시약

컴퓨터, Logger Pro, 컴퓨터 인터페이스, 핫플레이트, 가스압력센서, 20 mL 가스주사기, 온도센서, 1 L 비커, 250 mL 둥근 플라스크, 얼음, 물

memo

V 실험방법

실험 1. 기체상에서의 압력-부피의 관계

1. 가스압력센서를 컴퓨터 인터페이스 CH1에 연결한다.
2. 20 mL의 주사기의 고무 앞 끝이 10 mL에 도달하도록 피스톤을 잡아당긴 후 주사기를 가스압력센서의 밸브에 연결한다.
3. 데이터 수집을 위해서 Logger Pro의 chemistry with computers 폴더에 있는 "06 Boyle's Law" 파일을 연다.
4. 데이터 수집을 위해서 [Collect] 버튼을 누른다.

주의

공기의 부피를 입력한 시스템에서 여분의 공기를 고려하기 위해 0.8 mL를 주사기의 부피에 추가하여 입력한다.

예 5.0 mL에 도달하도록 피스톤을 잡아당긴 경우 주사기의 총 부피는 5.8 mL로 입력한다.

5. 압력 대 부피의 데이터를 수집한다.

   한 사람은 주사기를, 다른 사람은 컴퓨터를 작동하는 것이 좋다.

   a. 그림 1-3에서 보여진 검은 고무 안쪽 위치(5.0 mL)까지 피스톤을 잡아당긴다. 압력 값이 일정하게 유지될 때까지 이 위치를 유지해야 한다.

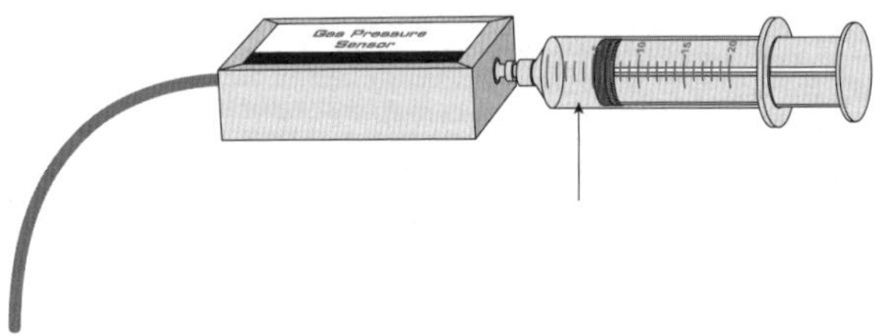

그림 1-3
주사기와 가스압력센서 연결

   b. 압력 값이 안정화가 되면 [Keep] 버튼을 누른다.
   전체 기체의 부피 5.8 mL를 기입한다. 부피를 입력할 때에는 전체 부피를 위해서 주사기 부피에 0.8 mL 더하는 것을 잊지 말아야 한다. 이 데이터를 저장하기 위해서 ENTER 키를 누른다.

   c. 피스톤을 7.0 mL까지 잡아당긴다. 압력의 값이 안정화 될 때 버튼을 누르고 전체 부피 7.8 mL를 기입한다.

d. 9.0, 11.0, 13.0, 15.0, 17.0, 19.0 mL의 주사기 부피에 대해 위의 순서대로 실험을 계속한다.

e. 데이터 수집이 끝나면 [■ Stop] 버튼을 누른다.

6. 테이블에 나타난 압력과 부피 데이터를 데이터 테이블에 기록한다.

7. 압력 대 부피의 그래프를 조사한다. 이 그래프를 근거로 이들 두 개의 변수들 사이에 직접적으로 또는 역수로 어떤 수학적 관계가 존재하는지 결정한다.

a. Fit 버튼을 누른다.

b. 왼쪽 아래쪽의 리스트로부터 Variable Power ($y = Ax^n$)를 선택한다. 그래프에서의 관계를 나타내는 Power edit box의 Power value(n)에서 ENTER 키를 누른다.
(예: 비례면 "1" 역이면 "−1"). [Try Fit] 버튼을 누른다.

c. 그래프에서 잘 맞는 곡선이 나타날 것이다. 만약 데이터 포인트들과 곡선이 잘 맞는다면 올바른 선택을 한 것이지만 그렇지 않을 시에는 [Try Fit] 버튼을 눌러 다른 것을 선택해야 한다. 곡선이 데이터 포인트와 잘 맞을 때 [OK] 버튼을 누른다.

8. 그래프가 직접 또는 역수 관계로 나타나는지 확인을 하고 그래프를 프린트한다.

9. 가장 잘 맞는 그래프를 가지고 다음 과정을 진행한다.

실험 2. 기체상에서의 압력–온도의 관계

1. 데이터 수집을 위해 온도센서와 가스압력센서를 준비한다.

a. 가스압력센서를 컴퓨터 인터페이스 CH1에, 온도센서는 CH2에 연결한다.

b. 실험을 위해서 고무마개의 한쪽에는 two-way 밸브를, 다른 쪽에는 튜브를 연결하고 튜브의 끝에 가스압력센서를 연결한다. 이 때 two-way 밸브를 열린 상태로 유지한다.

c. 고무마개로 250 mL 둥근 플라스크 입구를 막는다.
기체가 새어 나가는 곳이 없도록 고무마개를 플라스크에 꽉 맞춰 회전시켜 막는다.

d. 고무마개 위의 two-way 밸브를 잠근다. 밸브 핸들을 수직으로 돌리면 된다. 그러면 실험에 이용되는 공기시료가 플라스크에 갇혀 있게 된다.

memo

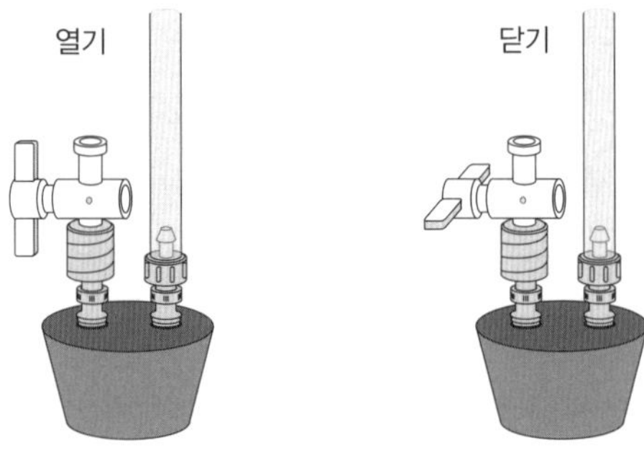

그림 1-4 two-way 밸브

2. 얼음-물 중탕을 준비한다. 찬 수돗물 700 mL를 1 L 비커에 넣고 얼음을 첨가한다(이때의 온도는 2°C 정도).

   a. 둥근 플라스크를 얼음-물 중탕에 넣는다. 플라스크가 잘 밀폐되었는지 확인한다.

   b. 온도센서를 얼음-물 중탕에 넣는다.

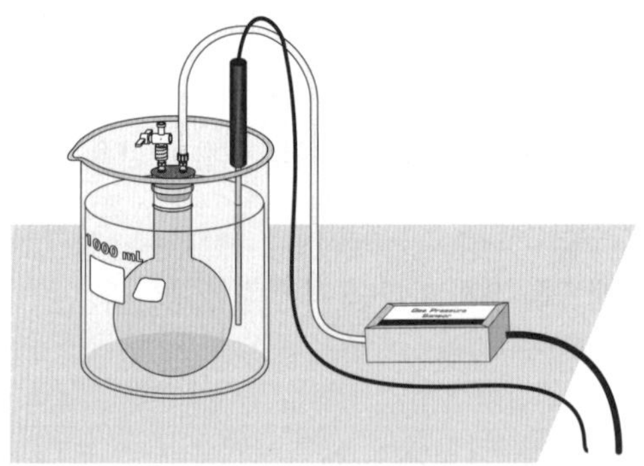

그림 1-5 기체상에서의 압력-온도의 관계 실험 세팅

3. 데이터 수집을 위해서 Logger Pro의 Chemistry with Computers 폴더에 있는 "07 Pressure-Temperature" 파일을 연다.

4. 데이터 수집을 위해서 [▶ Collect] 버튼을 누른다. 압력 값이 안정화가 되면 [Keep] 버튼을 누른다.

5. 비커에 있는 얼음물을 버리고 수돗물을 다시 넣어 위와 같은 세팅으로 핫플레이트를 사용해 가열한다. 가열하면서 약 25°C, 50°C, 70°C의 온도에서 압력 값이 안정화가 되면 [Keep] 버튼을 눌러 데이터 값을 저장한다.

6. 데이터 수집이 끝나면 [■ Stop] 버튼을 누르고 핫플레이트를 끈다.

7. 압력 대 온도의 그래프를 조사한다. 그래프가 정비례하는지 역비례하는지를 결정하고 온도는 절대온도를 사용한다.

   a. Curve Fit 버튼을 누른다.

b. 왼쪽 아래의 리스트로부터 수학적인 관계를 선택한다. 그 관계가 정비례한다면 Linear를 사용한다. 그 관계가 power를 나타낸다면 power를 사용한다. [Try Fit] 를 누른다.

c. 그래프에서 가장 적당한 곡선이 나타날 것이다. 만약 올바른 선택을 했다면 그 곡선은 그 점들과 잘 매치될 것이다. 만약 곡선들이 잘 매치되지 않으면 다른 수학적 기능들을 선택하고 [Try Fit] 를 누른다. 곡선이 데이터의 점들과 잘 일치한다면 [OK] 를 누른다.

8. 압력-온도의 그래프를 프린트한다. 회기 라인은 계속 그래프 위에 나타나야 한다.

실험 ▶ 1

예비보고서

LABORATORY EXPERIMENTS FOR GENERAL CHEMISTRY

memo

실험일자

memo

memo

memo

memo

결과보고서

실험 ▸ 1

실험일자 ....

memo

실험 1. 기체상에서의 압력–부피의 관계

데이터와 계산들

부피(mL)	압력(kPa)	상수, k(P/V 또는 P·V)

1. 압력-부피 그래프에서 기체에 대한 압력과 부피의 상관관계를 설명하시오.

2. 기체의 압력-부피 관계 실험에서 변하지 않은 요소는 무엇일까?

3. P, V, k를 사용하여 보일의 법칙을 대표하는 방정식을 적어보시오.

4. P *vs.* V, P *vs.* $1/V$의 그래프를 인쇄하시오.

memo

실험 2. 기체상에서의 압력-온도의 관계

데이터와 계산들

압력(kPa)	온도(°C)	온도(K)	상수, k(P/T 또는 P·T)

1. 기체의 압력-온도 관계 실험에서 변하지 않는 요소는 무엇일까?

2. 기체의 압력과 온도와의 상관관계를 설명하시오.

3. 분자 속도의 개념과 분자 충돌을 이용하여 실험의 결과를 설명하여 보시오.

4. P, T, k를 사용하여 압력과 온도(K) 사이의 상관관계를 나타내는 방정식을 써 보시오.

5. 압력과 온도(°C)의 그래프를 그리고 절대 영도를 찾아보시오.

6. P *vs.* T, P *vs.* $1/T$의 그래프를 인쇄하시오.

memo

생각해보기

memo

분자의 모양과 결정 구조

실험 ▸ 2

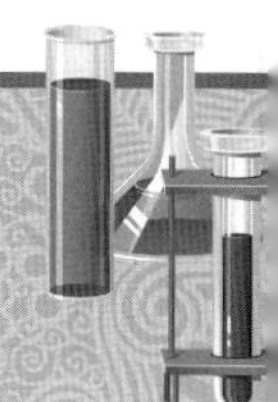

LABORATORY EXPERIMENTS FOR GENERAL CHEMISTRY

memo

I 실험 목표

스티로폼 구와 작은 막대를 이용하여 몇 가지 간단한 분자와 결정의 모형을 만들어 봄으로써 눈에 보이지 않는 미시적 존재인 분자와 결정의 모양을 살펴보고 각 분자와 결정들이 특정한 모양을 갖는 이유를 이해한다. 또한 미시적인 분자의 모양을 거시적으로 시각화하는 다양한 방법을 살펴본다.

II 실험 이론

1 분자 모형

모든 물질은 원자로 이루어져 있다. 눈으로 원자를 볼 수 있다면 물질의 구조를 쉽게 알 수 있을 것이다. 그러나 원자의 크기가 작기 때문에 우리는 원자로 이루어진 분자나 고체 물질의 내부 구조를 눈으로 볼 수 없다. 그런 이유로 분자나 결정의 구조를 가시화하는 방법으로 다양한 모형을 이용한다.

분자의 모양을 나타내는 방법에는 공-막대 모형(ball-and-stick model), 공간-채움 모형(space-filling model), 전자-밀도 모형(electron-density model) 등이 있다. 공-막대 모형(ball-and-stick model)은 원자를 공으로, 막대를 화학 결합으로 나타내는 방식으로 결합 각도와 상대적 크기는 잘 나타내지만 거리는 과장되게 표현한다. 공간-채움 모형(space-filling model)은 각 원자의 전자 구름을 모형으로 나타낸 것으로, 분자를 일정한 축척으로 확대하여 만든 것인데, 결합이 명확히 표시되지 않는 단점이 있다. 전자-밀도 모형(electron-density model)은 공간-채움 모형에 공-막대 모형을 추가하여 나타낸 것으로 전자 밀도가 높은 구역(빨강)과 낮은 구역(파랑)을 다른 색으로 표시한다. 아래 그림 2-1은 이 세 모형으로 물 분자를 나타낸 것이다.

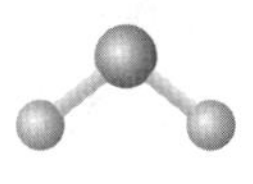

공-막대 모형

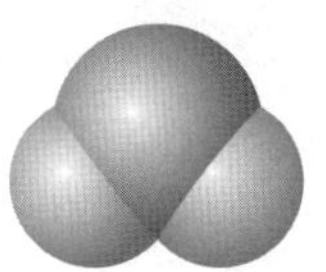

공간-채움 모형

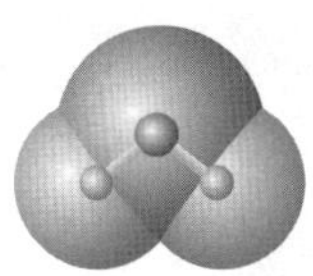

전자-밀도 모형

그림 2-1 몇 가지 분자 모형

분자의 모양에 따라 분자의 물리적, 화학적 성질이 크게 달라지므로 분자의 모양을 이해하는 것은 분자의 성질을 이해하고 예측하는 데 매우 중요하다.

memo

2 결정 구조

결정의 내부 구조를 보면 입자들이 질서정연한 3차원 배열을 이루고 있음을 알 수 있다. 모든 입자들이 구 모양이라고 가정하고, 구의 중심(점)의 배열을 상상해보자. 구의 중심에 해당하는 점들은 결정 전체에 걸쳐 규칙적인 배열을 이루는데, 이 배열을 격자(lattice)라고 부른다. 그림 2-2는 격자의 일부분을 보여준다. 이 격자에서 3차원으로 반복 배열하면 전체 결정을 이루는 최소 단위가 존재함을 알 수 있는데, 이와 같이 결정의 최소 반복 단위를 단위 세포(unit cell)라고 부른다. 결정 내에서 한 입자와 인접하고 있는 입자의 수를 배위수(coordination number)라고 부르며, 같은 입자로 이루어진 결정의 경우, 배위수가 클수록 더 조밀한 배열이 된다. 자연계에는 7가지 결정계와 14가지 단위 세포 유형이 존재한다. 고체 결정의 결정 구조는 X선 회절법으로 알아낸다.

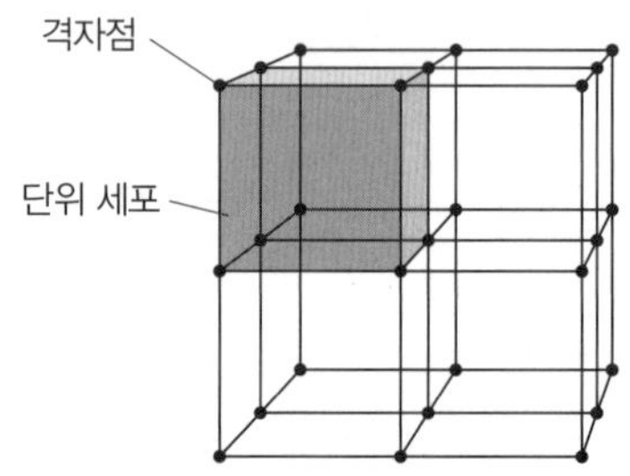

그림 2-2 결정 격자와 단위 세포

같은 원자로 이루어진 금속이나 비금속의 결정은 대부분 세 가지 구조 즉, 입방 조밀 쌓음, 육방 조밀 쌓음, 체심 입방 구조 중 한 가지 구조를 갖는다.

그림 2-3 두 가지 조밀 쌓음 구조: 육방 조밀 쌓음(왼쪽)과 입방 조밀 쌓음(오른쪽) 구조

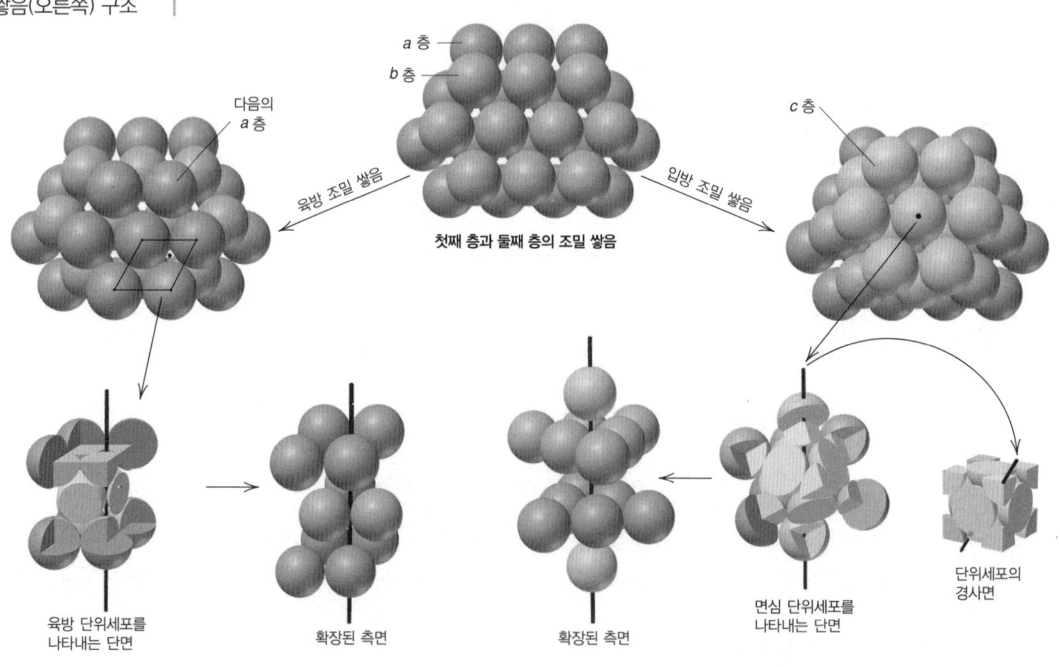

memo

그림 2-3은 두 가지 조밀 쌓음 구조인 입방 조밀 쌓음 구조와 육방 조밀 쌓음 구조를 나타낸다. 육방 조밀 쌓음 구조는 세 번째 층이 첫 번째 층과 같은 위치에 놓이는 abab... 형 배열을 갖는다. 단위세포는 그림 2-3과 같이 마름모 기둥 모양이다. 마그네슘, 티타늄, 아연 등이 이 구조를 갖는다. 입방 조밀 쌓음 구조는 세 번째 층에 배열되는 입자가 첫 번째와 두 번째 층의 입자와 다른 위치에 배열되는 구조로, abcabc... 형의 배열이다. 이 구조의 단위세포는 그림 2-3에 나타낸 것과 같이 정육면체 모양이며, 단위세포의 각 면의 중심에 입자가 배열된 형태이므로 이 결정 구조의 단위세포를 면심입방 단위세포라고 부른다. 니켈, 구리, 납 등의 금속과 영족 기체의 고체 등이 이 구조를 갖는다. 입방 조밀 쌓음 구조와 육방 조밀 쌓음 구조는 둘 다 배위수가 12이고 채움효율이 74%인 가장 촘촘한 결정 구조이다.

그림 2-4는 체심입방 구조의 단위세포의 모양을 나타낸 것으로, 단위세포의 중심에 입자가 위치하며, 배위수는 8이다. 배위수가 조밀 쌓음 구조보다 작으므로 이 구조는 두 가지 조밀 쌓음 구조보다 덜 촘촘한 배열로, 채움효율은 68%가 된다. 철, 크롬 등이 이 구조를 갖는다.

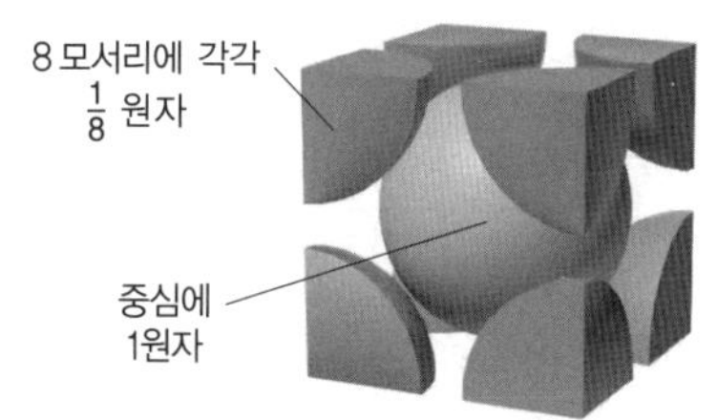

그림 2-4 체심입방 단위세포

III 주의 및 참고사항

1. 결정의 구조에 사용되는 스티로폼 구는 재사용되는 것이다(NaCl 만들기용은 제외).
2. 결정의 구조에 사용되는 아크릴 상자는 충격에 약하니, 충격이 가해지지 않게 주의해야 한다.

IV 시약 및 기구

MOLECULAR MODEL SET FOR ORGANIC CHEMISTRY
격자모형용 아크릴 상자, 스티로폼 구, 글루건

memo

V 실험방법

실험 1. 분자모형 만들기

1. 물(H_2O) 분자

생물은 물이 없으면 살지 못하며, 지구 근처의 행성 중에서 물이 있는 별은 지구뿐이다. 물은 산소 원자 1개와 수소 원자 2개가 104.5°로 결합하여 생성된다.

한 개의 산소 원자(빨간 구)에 수소 원자(흰색 구) 두 개를 연결하여 물 분자를 만들어보자.

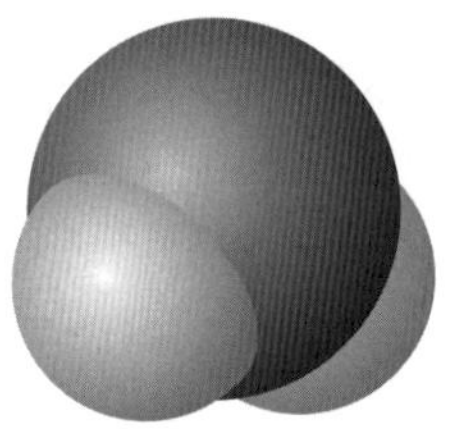

그림 2-5 물(H_2O) 분자

2. 메탄(CH_4) 분자

메탄은 유기물이 썩을 때 발생한다. 방귀로도 나오고, 아마존 밀림에서도 발생하며, 썩은 음식물에서도 나온다. 가정에서 연료로 사용하고 있는 LNG 가스의 주성분인 메탄은 불에 잘 타지만 냄새는 없다. 냄새가 나는 것은 가스가 새는 것을 쉽게 알 수 있도록 섞은 다른 가스 때문이다.

한 개의 탄소 원자(검은 구)에 수소 원자(흰색 구) 4개를 연결하여 메탄 분자를 만들어보자.

3. 메탄올(CH_3OH) 분자

가장 간단한 알코올은 메탄올(메틸 알코올)이다. 실험실의 알코올램프의 원료로 사용된다. 30 mL를 마시면 눈이 보이지 않게 되고, 그 이상을 마시면 사망에 이를 수 있는 독성이 있는 액체이다.

한 개의 탄소 원자(검은 구)에 수소 원자(흰색 구) 3개와 산소 원자(빨간 구)와 수소 원자(흰색 구)가 결합한 −OH기를 연결하여 메탄올 분자를 만들어보자.

4. 에탄올(C_2H_5OH) 분자

보통 알코올이라 부르는 술에 들어 있는 에탄올을 말한다. 마셔도 죽지는 않고 단지 취할 뿐이다. 많이 먹으면 역시 독이 된다. 병원에서 주사할 때 소독약으로 쓰이는데, 소독액은 에탄올에 물을 섞은 것이다.

탄소 원자(검은 구) 두 개를 연결하고 연결한 탄소 원자에 5개의 수소 원자(흰색 구)를 연결한다. 남은 한 곳에 산소 원자(빨간 구)와 수소 원자(흰색 구)를 결합한 −OH기를 연결하여 에탄올 분자를 만들어보자. 대체적으로 강아지 모양과 비슷하다.

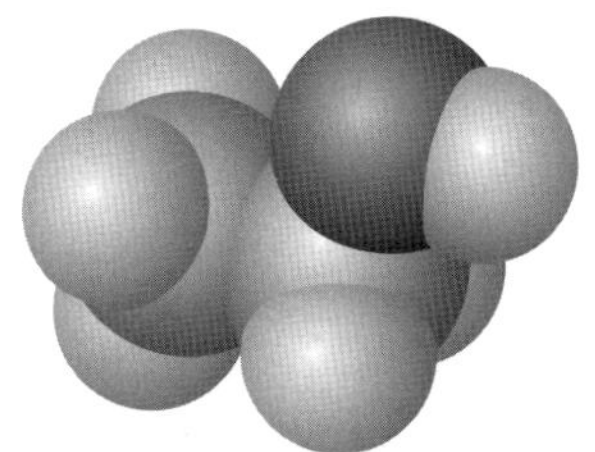

그림 2-6 에탄올(C_2H_5OH) 분자

5. 벤젠(C_6H_6) 분자

벤젠은 방향족 탄화수소로 무색이고 가연성이다. 발암 물질로도 알려져 있다. 탄소 원자 6개와 수소 원자 6개가 결합한 형태로, 탄소 6개가 고리모양의 화학결합을 하고 있으며 단일결합과 이중결합이 교대로 존재하는 공명구조를 이루고 있다.

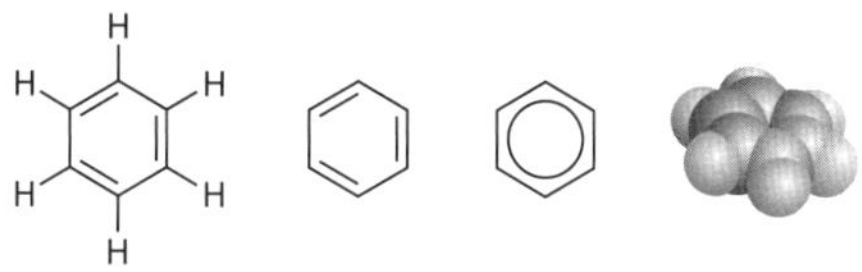

그림 2-7 벤젠(C_6H_6) 분자

탄소 원자(검은 구) 6개를 육각형 모양으로 단일결합과 이중결합을 교대로 연결한 후 각각 고리에 수소(흰색 구)를 각각 한 개씩 연결해서 벤젠을 만들어보고 단일결합과 이중결합이 교대로 존재하는 공명구조를 확인해보자.

실험 2. 결정의 구조

1. 밀집구조

a. 첫 번째 층에 빈 공간을 최소로 하여 스티로폼 구를 바닥에 깐다.
b. 두 번째 층은 첫번째 층의 패인 곳에 스티로폼 구를 놓는다.
c. 세 번째 층은 첫 번째 층의 스티로폼 구와 같은 위치에 쌓아서 ABABAB··· 형태를 확인한다. 층 사이의 구멍으로 꿰뚫어 볼 수 있음에 유의하라.
d. 세 번째 층을 헐고, 세 번째 층의 구를 첫 번째 층의 구와 일치하지 않도록 두 번째 층의 패인 곳에 스티로폼 구를 놓고, ABCABC··· 형태를 확인한다. 층 사이의 구멍으로 꿰뚫어 볼 수 없음에 유의하라.

2. 8개의 스티로폼 구들이 서로 닿도록 아크릴 상자에 잘 쌓아 원시격자(pc)를

memo

만든다. 만들어진 원시격자 단위세포의 부피, 단위세포에 포함된 구의 수, 구가 차지하고 있는 공간과 비어 있는 공간의 부피를 계산한다.

3. 9개의 스티로폼 구들을 이용해서 체심격자(bcc)의 단위세포를 만든다. 단위세포의 대각선 방향으로 구들이 서로 맞닿고 있지만, 모서리 방향에서는 구들이 서로 닿지 않고 있음을 관찰한다. 위와 같이 단위세포의 부피, 단위세포에 포함된 구의 수, 구가 차지하고 있는 공간과 비어 있는 공간의 부피를 계산한다.

4. 14개의 스티로폼의 구들을 이용해서 면심격자(fcc)의 단위세포를 만든다. 이번에는 단위세포 옆면의 대각선 방향으로는 구들이 서로 맞닿고 있음을 관찰한다. 위와 마찬가지로 단위세포의 부피, 단위세포에 포함된 구의 수, 구가 차지하고 있는 공간과 비어 있는 공간의 부피를 계산한다.

5. 큰 구(흰색)를 염소 음이온(Cl^-)이라고 생각하고, 작은 구(빨간색)를 소듐 양이온(Na^+)이라고 생각하여 NaCl의 격자 모형을 만든다. 큰 구 주위에 4개의 작은 구를 같은 평면에 서로 직각이 되도록 연결한다. 같은 평면에서 두 개의 작은 구 사이에 큰 구를 하나씩 끼워 넣는다. 큰 구의 아래와 위쪽에 작은 구를 하나씩 연결하고, 작은 구의 아래와 위에도 큰 구를 하나씩 연결한다. 큰 구 14개와 작은 구 13개가 필요할 것이다. 단위세포의 모양을 확인하고, 단위세포에 몇 개의 큰 구와 작은 구가 들어 있는가를 확인한다.

실험일자 ....

memo

memo

memo

memo

memo

결과보고서

memo

실험일자 ....

1 원시 격자

모서리의 길이	____________	cm
단위 세포의 부피	____________	cm^3
단위 세포에 포함된 구의 수	____________	개
비어 있는 공간의 부피	____________	cm^3

2 체심 격자

모서리의 길이	____________	cm
단위 세포의 부피	____________	cm^3
단위 세포에 포함된 구의 수	____________	개
비어 있는 공간의 부피	____________	cm^3

3 면심 격자

모서리의 길이	____________	cm
단위 세포의 부피	____________	cm^3
단위 세포에 포함된 구의 수	____________	개
비어 있는 공간의 부피	____________	cm^3

memo

4 NaCl 구조

모서리의 길이 ______________________ cm

단위 세포의 부피 ______________________ cm^3

염소이온의 수 ______________________ 개

소듐이온의 수 ______________________ 개

memo

생각해보기

memo

흡수 스펙트럼 – 분광광도법

실험 ▸ 3

memo

I 실험 목표

분자들이 흡수하는 빛의 파장을 측정해 봄으로써 분광학의 기본 원리를 이해하고, 화학반응을 통하여 새로운 물질이 생성됨에 따라 스펙트럼이 변화함을 실험적으로 체득한다. 아울러 현대 분석기기의 핵심인 분광분석기기의 기본적 동작 원리와 사용법을 살펴본다.

II 실험 이론

모든 화학종(원자, 분자, 이온, 라디칼 등)은 다양한 파장 영역의 빛을 흡수한다. 빛을 흡수하면 화학종은 들뜬상태로 올라가게 되는데, 에너지 준위의 분포와 간격에 따라 흡수하는 빛의 파장이 결정된다. 각 화학종의 에너지 준위가 서로 다르기 때문에 각 화학종이 흡수하는 빛의 파장 분포(이것을 스펙트럼(spectrum)이라고 부른다)는 사람의 지문처럼 각 화학종마다 다르다. 따라서 각 화학종이 흡수하는 빛의 파장을 측정하면 그 화학종을 확인할 수 있다.

화학종이 흡수하는 빛의 파장 영역은 어떤 에너지 준위 간의 전이를 이용하느냐에 따라 다르다. 원자핵의 스핀 상태 간의 전이에 해당하는 빛은 라디오파 영역이며, 이 파장 영역의 스펙트럼을 얻어 분자를 구별하는 방법을 핵자기공명 분광법이라고 부른다. 병원에서 암 진단에 이용하는 MRI도 이 분광법을 이용하는 것이다. 분자의 회전에너지준위 간의 전이에 해당하는 빛은 초단파 영역이어서 이 영역의 빛을 이용하는 분광법을 마이크로파 분광법이라고 부른다. 분자의 진동에너지 준위 간의 전이는 적외선 파장 영역에 해당하고, 이를 이용한 분광법을 적외선 분광법이라고 한다. 가시광선과 자외선 파장 영역은 화학종의 전자 상태 간의 전이에서 흡수되거나 방출되며 이 실험에서는 이 파장 영역을 이용한다. 다양한 파장 영역의 분광법은 화학을 보다 더 심도있게 공부할 때 배우게 된다.

각 화학종이 흡수하는 빛의 파장 분포를 측정하는 장치를 분광계(기) 혹은 분광광도계라고 부른다. 분광계는 크게 광원, 단색화 장치, 검출기로 이루어져 있으며, 시료는 단색화 장치와 검출기 사이에 놓이게 된다. 광원은 스펙트럼을 얻으려고 하는 파장 영역의 빛을 발생시키는 장치로 가시광선 영역에서는 주로 텅스텐 램프를 사용한다. 광원에서 발생된 빛은 슬릿이라고 부르는 좁은 틈을 지나는데, 이 슬릿은 한 방향으로 진행하는 빛만을 선택하는 역할을 한다. 이 과정

memo

에서 렌즈를 이용하여 빛을 집속하기도 한다. 슬릿을 통과한 빛은 단색화 장치를 거치는데, 단색화 장치는 특정 파장의 빛을 골라내는 기능을 가지고 있다. 단색화 장치의 핵심 부품은 빛을 파장에 따라 분리하는 장치인데, 예전에는 프리즘을 사용하였지만 오늘날에는 그레이팅(grating)을 사용한다. 그레이팅은 유리 표면에 밭이랑 같은 홈을 촘촘히(보통 1 mm 당 1000개 정도) 판 것으로 이 면에 빛이 쪼이면 특정 파장은 특정 각도로 반사되어 나간다. 그레이팅에서 파장에 따라 다른 각도로 퍼져 나오는 빛에 다시 좁은 슬릿을 설치하면 한 파장의 빛만 골라낼 수 있다. 그레이팅을 회전시키면 선택되는 빛의 파장도 연속적으로 달라진다. 분광 스펙트럼을 얻는 과정에서는 그레이팅을 회전시켜 단색화 장치에서 나오는 빛이 스펙트럼을 얻고자 하는 파장 영역 전체를 지나가도록 한다. 이 실험에서는 Optizen사의 1412V 분광광도계를 사용한다. 아래 사진은 분광광도계이며, 그림은 이 분광계의 내부 구조를 모식적으로 나타낸 것이다.

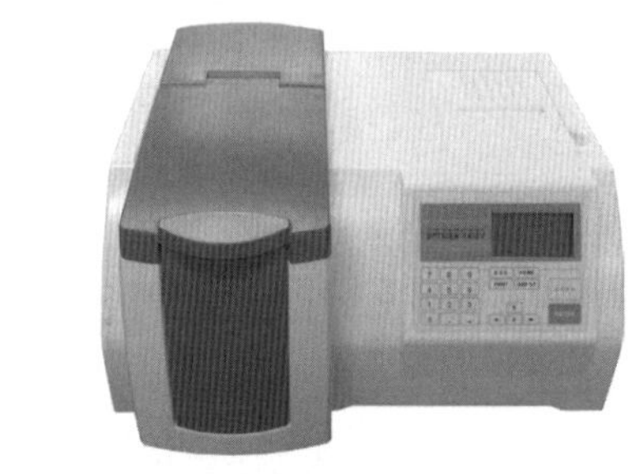

그림 3-1 분광광도계

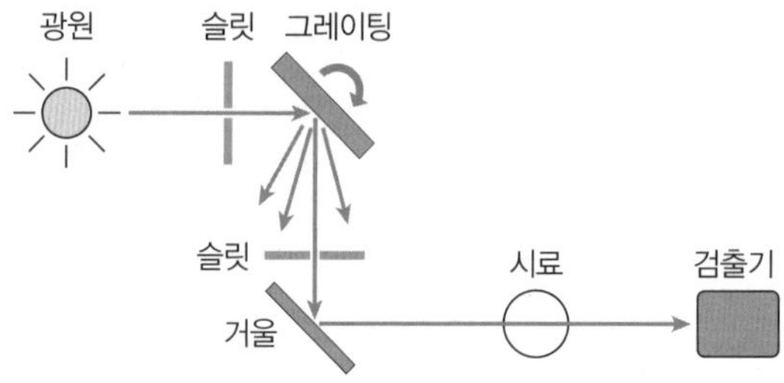

그림 3-2 분광계의 내부구조

두 가지 이상의 물질이 섞여 있는 것을 혼합물이라고 부른다. 혼합물 중의 각 성분은 각 성분의 성질을 그대로 유지하고 있다. 예를 들어 물과 소금의 혼합물인 소금물은 물의 성질과 소금의 성질을 모두 가지고 있으며 적절한 방법으로 각 성분으로 분리할 수 있다. 따라서 혼합물의 분광스펙트럼은 각 성분의 스펙트럼이 더해진 모양을 나타낸다. 즉, 각 성분의 스펙트럼을 혼합한 비율로 더하면 혼합물의 스펙트럼이 얻어진다. 이 실험의 첫 단계에서 학생들은 이 사실을 실험을 통하여 확인한다. 화학반응을 통하여 새로운 물질이 만들어지면 이 물질은 반응물과 다른 화학종으로 분광스펙트럼도 다른 모양을 나타낸다. 이 실험의 후반부가 이를 확인하는 내용이다. 그렇기 때문에 두 물질을 혼합한 후 스펙트럼을 각 성분의 스펙트럼과 비교하면 단순한 혼합물인지 혹은 화학반응이 일어나 새로운

memo

물질이 만들어졌는지 확인할 수 있다. 화학반응을 통하여 새로운 물질을 만드는 화학자들은 이러한 분광학적 방법으로 화학반응이 진행되었는지, 자기가 원하는 물질이 만들어졌는지를 확인한다.

이 실험에서는 두 가지 색소와 그 혼합물의 스펙트럼을 얻어 비교함으로써 두 물질이 단순히 혼합된 경우의 스펙트럼을 살펴본다. 이어서 다음 반응

$$\underset{\text{파란색}}{[CoCl]^{2-}} + 6\,H_2O \rightleftharpoons \underset{\text{붉은색}}{[Co(H_2O)_6]^{2+}} + 4\,Cl^-(aq)$$

전과 후의 스펙트럼을 비교하여 화학반응이 일어나서 새로운 물질이 만들어지는 경우의 스펙트럼의 변화를 실험을 통하여 확인한다.

III 주의 및 참고사항

1. 사용되는 cell은 일회용이므로 사용 후 반드시 세척하여 쓰레기통에 버린다.
2. 분광광도계가 시약에 의해 더러워지지 않도록 cell은 반드시 뚜껑을 닫아 넣는다.

IV 실험기구 및 시약

파란 식용색소, 빨간 식용색소, 0.1M $[Co(H_2O)_6]^{2+}$용액, 진한 염산, 분광광도계, 일회용 사각 cell(1cm), 50 mL 비커, 튜브, 피펫

V 실험방법

실험 1. 식용색소 실험

1. 증류수로 2/3 정도 채운 셀을 분광기에 넣고 reference 측정을 하여 모든 파장에서 흡광도가 0이 되도록 baseline을 맞춘다.
2. 분광기를 사용하여 파란 식용색소 용액의 흡수스펙트럼을 구한다. 400 nm부터 750 nm 사이의 파장 영역에서 5 nm 간격으로 파장별 흡광도 값을 기록한다.
3. 같은 방법으로 분광기를 사용하여 빨간 식용색소 용액의 흡수스펙트럼을 구한다. 400 nm부터 750 nm 사이의 파장 영역에서 5 nm 간격으로 파장별 흡광도 값을 기록한다.
4. 비커에 파란 식용색소 용액과 빨간 식용색소 용액을 동일한 양으로 혼합한

memo

후 분광기를 사용하여 혼합액의 흡수 스펙트럼을 구한다. 400 nm부터 750 nm 사이의 파장 영역에서 5 nm 간격으로 파장별 흡광도 값을 기록한다.

실험 2. 코발트 착화합물 실험

1. 증류수로 2/3 정도 채운 셀을 분광기에 넣고 reference 측정을 하여 모든 파장에서 흡광도가 0이 되도록 baseline을 맞춘다.

2. 0.1M $[Co(H_2O)_6]^{2+}$ 용액에 진한 염산을 조금씩 가해 $[CoCl_4]^{2-}$ 착화합물로 바뀌어 용액의 색깔이 붉은색에서 파란색으로 바뀌면 흡수 스펙트럼을 구한다. 400 nm부터 750 nm 사이의 파장 영역에서 5 nm 간격으로 파장별 흡광도 값을 기록한다.

3. 위의 $[CoCl_4]^{2-}$ 착화합물 수용액에 증류수를 조금씩 가하면 다시 붉은색으로 바뀌게 되는데 이때의 흡수 스펙트럼을 구한다.

4. 위의 파란색과 붉은색 용액의 스펙트럼을 겹쳐 놓고 비교해 본다. 이 경우, 물을 가할 때 관찰되는 용액의 색과 흡수스펙트럼의 변화는 위의 식용색소 실험에서 관찰된 경우와 어떻게 다른지 확인해보아라.

5. 위에서 증류수를 가해서 얻어진 붉은색 용액에 진한 염산을 조금씩 가하고 흔들어 주면서 색깔 변화를 관찰해본다.

실험일자 ....

memo

memo

memo

memo

memo

실험 ▶ 3

결과보고서

memo

실험일자 ....

실험1 식용색소 실험의 흡수스펙트럼을 인쇄하여 혼합인지 화합인지를 구분하고 이유를 쓰시오.

실험2 코발트착화합물 실험의 흡수스펙트럼을 인쇄하여 혼합인지 화합인지를 구분하고 이유를 쓰시오.

memo

생각해보기

memo

물질의 정제-재결정법

실험 ▶ 4

LABORATORY EXPERIMENTS FOR GENERAL CHEMISTRY

memo

I 실험 목표

용해도의 개념을 살펴보고, 재결정법을 이용하여 물질을 정제하는 방법과 그 원리를 알아본다.

II 실험 이론

어떤 용매에 고체 용질을 서서히 녹이면 어느 순간부터 더 이상 녹지 않는 상태에 도달한다. 이 상태는 용질이 녹는 속도와 녹아 있는 용질이 다시 고체로 석출되는 속도가 같은 상태로, 거시적으로 용질은 더 이상 용매에 녹지 않는다. 이 상태에 있는 용액을 포화되었다고 하고, 이 용액을 포화용액이라고 부른다. 포화용액보다 농도가 낮은 용액을 불포화 용액이라고 하고, 농도가 더 높은 용액을 과포화 용액이라고 부른다. 과포화 용액은 준안정 상태에 있기 때문에 용액 속에 작은 결정을 넣거나 용액에 충격을 가하면 용질이 결정으로 석출되고 포화용액으로 된다. 포화 상태는 주어진 온도에서 일정량의 용매에 녹을 수 있는 최대량의 용질이 녹아 있는 상태로 이때의 용액(포화용액)의 농도를 용해도라고 부른다. 보통 용해도는 주어진 온도에서 용매 100 g에 녹을 수 있는 용질의 최대 질량으로 나타낸다. 용해도는 용매와 용질의 특성에 따라 다르다. 특정 용매에 대한 특정 용질의 용해도도 온도 및 압력 등에 따라 달라진다. 용질이 고체인 경우에는 압력에 따른 용해도 변화는 거의 없지만 기체인 경우에는 용해도가 압력(분압)에 비례하게 된다(Henry의 법칙). 고체의 용해도는 온도에 따라 달라지는데, 일반적으로 온도가 높아지면 용해도도 증가한다(예외적으로 온도가 올라감에 따라 용해도가 감소하는 경우도 있다. 예 $Ce_2(SO_4)_3$(그림 4-1 참조).

온도에 따른 용해도의 변화를 이용하여 물질을 정제할 수 있는데, 이 방법을 재결정법이라고 한다. 이 방법으로 물질을 정제하는 원리는 다음과 같다. 먼저 용매의 온도를 높여 포화용액을 만든다. 그런 다음 용액의 온도를 천천히 낮춘다. 온도가 낮아지면 용해도가 낮아지므로 당연히 용액은 과포화 상태가 되고, 포화용액의 농도 이상으로 녹아 있는 용질은 결정으로 석출된다(그림 4-1 참조). 용액에 녹아 있는 특정 용질이 고체로 석출될 때 새로이 형성되는 고체의 결정 속에는 용매나 다른 용질들이 거의 포함되지 않는다. 이것은 남극이나 북극의 얼음 속에 소금 성분이 거의 들어 있지 않은 것과 같은 이치이다. 그러나 한 번의

memo

재결정으로 완전히 순수한 물질을 얻을 수는 없다. 그 이유는 소량의 용매나 불순물이 결정 속에 함께 들어가기 때문이다. 매우 높은 순도의 물질을 얻고 싶으면 재결정 과정을 몇 차례 반복하면 된다.

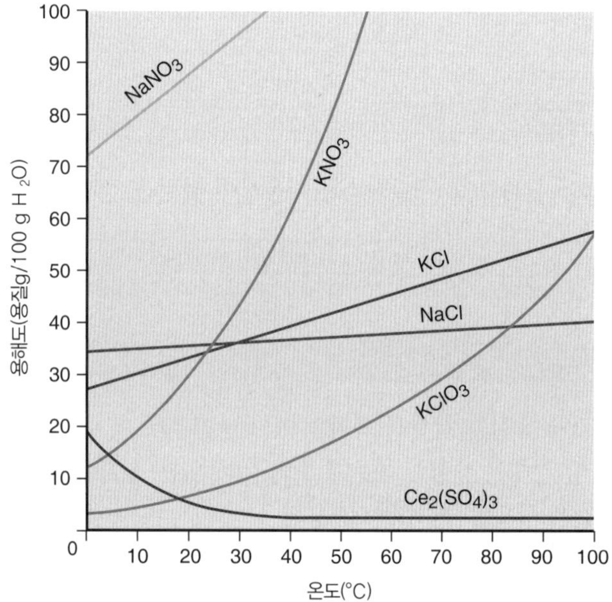

그림 4-1 온도에 따른 고체의 용해도 변화

III 실험기구 및 시약

벤조산과 아세트아닐라이드 혼합물(1:1), 3M NaOH, 핫플레이트, 저울, 오븐, 녹는점 측정기, 감압기, 뷰흐너 깔때기, 감압 플라스크, 100 mL 비커, 50 mL 메스실린더, 유리막대, 시계접시, pH 지시종이

IV 실험방법

1. 벤조산과 아세트아닐라이드가 혼합된 시료 2 g의 무게를 정확히 측정하여 비커에 넣고 30 mL의 물을 넣는다.
2. 시료의 50%가 벤조산이라고 생각하고 이를 중화시키는데 필요한 3M NaOH의 부피를 계산하여 이 양의 1.5배를 시료가 녹아 있는 비커에 넣는다.
3. 유리막대로 충분히 저어준 후, pH 지시종이로 용액이 염기성인가를 확인한다. 만약 염기성이 아니라면 NaOH를 몇 방울 더 넣어주고 다시 확인한다.
4. 용액이 거의 끓을 때까지 가열한다. 만약 녹지 않은 고체가 남아 있다면

memo

NaOH를 몇 방울 더 가하고, 그래도 녹지 않은 것이 있으면 뜨거운 상태에서 그대로 거른다.

5. 비커를 시계접시로 덮고 용액이 식을 때까지 기다린다.
6. 침전을 여과하고 차가운 물을 사용해 2~3회 씻어 내린다.
7. 침전을 오븐에 넣어 건조시킨 후 무게를 재고 수득률을 계산한다.
8. 녹는점 측정장치를 이용하여 녹는점을 측정한다.

실험 ▶ 4 예비보고서

memo

실험일자 ________________

memo

memo

memo

memo

결과보고서

실험 ▸ 4

memo

실험일자 ....

1. 재결정에 사용한 혼합 시료의 무게

______________________ g

2. 벤조산을 중화시키는데 사용한 NaOH의 부피

______________________ mL

3. 재결정한 아세트아닐라이드의 무게

______________________ g

4. 회수율

______________________ %

5. 재결정한 아세트아닐라이드의 녹는점

______________________ ℃

memo

6. 고체 혼합물의 용해도 차이에 의한 분리 방법인 분별 결정법에 대해서 설명하라.

memo

생각해보기

memo

산-염기 적정

실험 ▸ 5

memo

I 실험 목표

적정의 원리를 살펴보고, 산-염기 반응을 이용한 적정에서 미지 용액의 농도를 정량적으로 구하는 방법을 터득한다. 또한 여러 적정의 경우마다 적절한 지시약을 선택해야 하는 이유를 이해하고 실험에서 사용하는 적정에 맞는 지시약을 선택하는 능력을 배양한다.

II 실험 이론

산-염기 적정(acid-base titration)은 농도를 정확히 알고 있는 용액(표준용액)을 이용하여 농도를 모르는 용액(분석액)의 농도를 알아내는 부피 분석법(부피를 측정하여 분석하는 방법)이다. 당량점은 분석액에 화학양론적으로 당량의 표준용액이 첨가된 점을 말한다(종말점은 실제 적정에서 지시약이 변색하는 점을 뜻한다. 두 점을 가능한 한 정확히 일치시키는 것이 좋은 적정이다). 아래에서 살펴보겠지만 산-염기 적정의 당량점 근처에서 나타나는 pH의 급격한 변화를 이용하여 지시약이나 pH 미터를 사용하여 종말점을 찾는다. 분석액에 들어 있는 산이나 염기의 종류에 따라 다양한 적정의 경우가 존재하며, 각 경우마다 당량점에서의 pH 및 pH 변화의 유형이 다르므로 각 적정의 경우의 적정곡선의 모양을 아는 것은 올바른 적정에 필수적인 사항이다. 산-염기 적정의 경우를 정리하면 다음 표와 같다.

분석액	표준용액	당량점에서 용액의 액성
센산	센염기	pH = 7
센염기	센산	pH = 7
약산	센염기	pH > 7
약염기	센산	pH < 7

약산 용액을 약염기로 또는 약염기 용액을 약산으로 적정하는 경우는 없는데, 이러한 적정의 경우 당량점 근처에서 pH의 변화가 급격하지 않으므로 당량점을 정확히 찾을 수가 없기 때문에 이러한 조합은 사용하지 않는다. 위 표의 각 경우에 해당하는 적정곡선의 모양을 살펴보자.

memo

센산을 센염기로 적정하는 경우(a)와 센염기를 센산으로 적정하는 경우(b)의 적정 곡선의 모양은 그림 5-1과 같으며 각 경우의 특징들을 요약하면 다음과 같다.

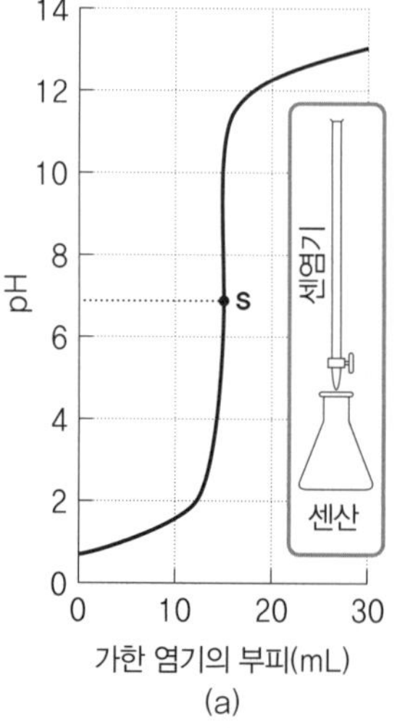

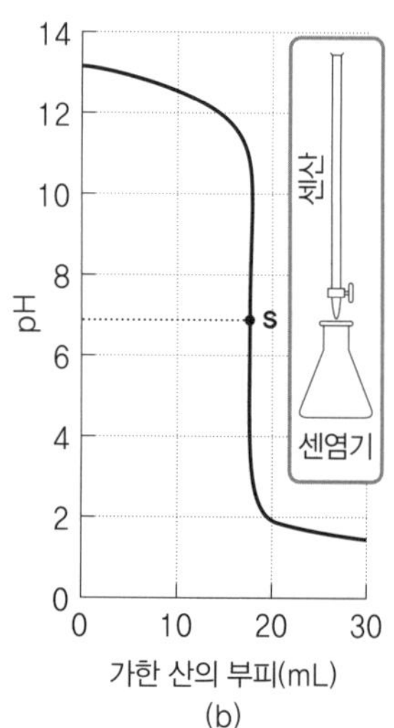

그림 5-1 센산-센염기(a), 센염기-센산(b) 적정의 적정 곡선

(a) 센산-센염기 적정 :

1. pH는 낮은 값에서 시작하여 염기를 첨가함에 따라 천천히 증가한다.
2. 당량점 근처에서 pH는 가파르게 증가한다.
3. 당량점에서의 pH는 7이다.
4. 급격한 증가 영역을 지나면 염기의 첨가에 따라 완만하게 증가한다.

(b) 센염기-센산 적정 :

1. pH는 높은 값에서 시작하여 산을 첨가함에 따라 천천히 감소한다.
2. 당량점 근처에서 pH는 가파르게 감소한다.
3. 당량점에서의 pH는 7이다.
4. 급격한 감소 영역을 지나면 산의 첨가에 따라 완만하게 감소한다.

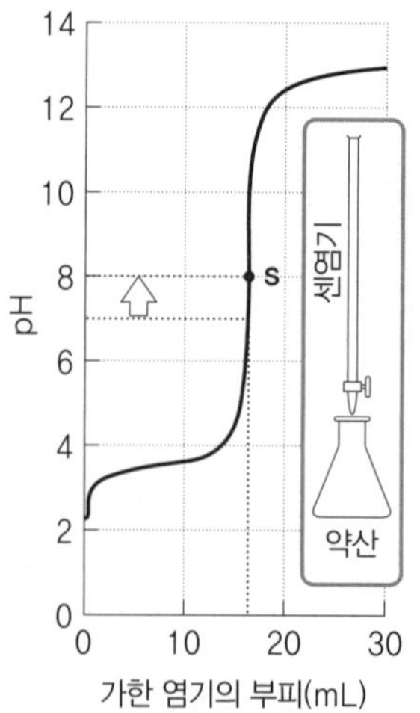

그림 5-2 약산-센염기 적정 곡선

약산을 센염기로 적정하는 경우의 적정 곡선의 모양을 그림 5-2에 나타내었는데, 전체적인 모양과 특징은 센산-센염기 적정의 경우와 많이 다르다.

1. pH는 센산-센염기 적정의 경우보다 높은 값에서 시작한다.
2. 당량점 전에 완만한 상승을 나타내는 완충 영역이 존재한다.
3. 당량점 근처에서 pH는 가파르게 증가한다.
4. 당량점에서의 pH > 7 이다.
5. 급격한 증가 영역을 지나면 염기의 첨가에 따라 완만하게 증가한다.

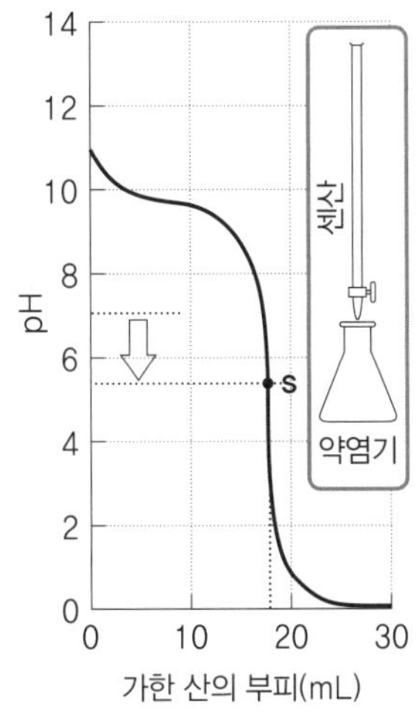

그림 5-3 약염기-센산 적정 곡선

약염기를 센산으로 적정하는 경우의 적정 곡선의 모양은 그림 5-3과 같으며, 그 특징은 다음과 같이 요약할 수 있다.

1. pH는 센염기-센산 적정의 경우보다 낮은 값에서 시작한다.
2. 당량점 전에 완만한 감소를 나타내는 완충 영역이 존재한다.
3. 당량점 근처에서 pH는 가파르게 감소한다.
4. 당량점에서의 pH < 7 이다.
5. 급격한 증가 영역을 지나면 산의 첨가에 따라 완만하게 감소한다. 지시약을 사용하여 적정을 하는 경우에는 각 적정의 당량점 근처에서의 pH 영역을 파악하고, 그 영역과 일치하는 변색 범위를 갖는 지시약을 선택하여 사용하여야 올바른 적정의 결과를 얻을 수 있다.

III 주의 및 참고사항

1. 산이 눈과 피부, 호흡기에 피해를 일으킬 수도 있으니 용액을 조심스럽게 다루고 보안경을 반드시 착용한다.
2. pH 센서가 마그네틱 바에 의해 깨지지 않도록 세팅한다.

memo

IV 실험기구 및 시약

미지농도의 HCl, 미지농도의 CH_3COOH, 0.1M NaOH, 0.1M NH_4OH, 페놀프탈레인 용액, 컴퓨터, Logger Pro, 컴퓨터 인터페이스, 교반기, pH 센서, 스탠드, 250 mL 비커, 100 mL 메스실린더, 뷰렛, 깔때기, 마그네틱 바

V 실험방법

1. 데이터 수집을 위해 pH 센서를 준비한 후, 랩프로 인터페이스 CH1에 연결한다.

2. 250 mL 비커에 HCl 20 mL를 준비하고 증류수 100 mL를 추가하여 희석시킨다. 희석된 용액에 페놀프탈레인 2~3방울을 넣어 준다.

3. 위의 비커에 마그네틱 바를 넣고 교반기 위에 올려놓는다. 이 때 용액이 튀지 않도록 교반기의 속도를 조절한다.

4. pH 센서를 스탠드에 고정시키고 위의 비커에 담가 pH 센서가 용액에 잠길 수 있도록 한다. 마그네틱 바가 회전하면서 pH 센서가 손상되지 않도록 주의한다.

5. 100 mL 비커에 0.1M NaOH를 준비하고, 뷰렛에 NaOH 25 mL를 채운다.

6. 데이터 수집을 위해서 Logger Pro의 chemistry with computers 폴더에 있는 "24a. Acid-Base(Titration).cmbl" 파일을 연다.

7. 데이터 수집을 위해서 [Collect] 버튼을 누른다. pH 값이 안정화가 되면 용액의 부피에는 0.00(NaOH 적정 전)을 입력하고, [Keep] 버튼을 클릭하여 첫 번째 데이터 쌍을 저장한다.

8. 조교의 지시에 따라 NaOH를 HCl가 담긴 비커에 넣고, pH 값이 안정화되면 [Keep] 버튼을 클릭한다.

9. 종말점을 확인하고 pH 값의 변화가 없으면 데이터 수집을 중지하기 위해 [Stop] 버튼을 클릭한다.

10. 그래프를 보고 pH 변화를 확인한다.

11. 위와 같은 방법으로 NaOH − CH_3COOH의 실험을 한다.

12. 위와 같은 방법으로 NH_4OH − HCl의 실험을 한다.

13. 위와 같은 방법으로 NH_4OH − CH_3COOH의 실험을 한다.

실험일자 ....

memo

memo

memo

memo

memo

memo

실험일자 ....

1. 각 적정 곡선의 그래프에 당량점과 완충 영역을 표시하시오.

2. 미지시료의 농도 계산하기

a. 사용된 적정액의 양(mL)

분석액	적정액	
	0.1M NaOH	0.1M NH_4OH
HCl (20 mL)		
CH_3COOH (20 mL)		

b. HCl 농도를 계산하시오.(0.1M NaOH 적정 시)

memo

c. CH_3COOH 농도를 계산하시오. (0.1M NaOH 적정 시)

memo

생각해보기

memo

원자의 구조

실험 ▶ 6

LABORATORY EXPERIMENTS FOR GENERAL CHEMISTRY

memo

I 실험 목표

투과 회절발을 사용한 간단한 분광장치를 만들고 이를 이용하여 원자에서 방출되는 빛의 파장을 측정하여 봄으로써, 분광법의 기본 원리와 방법을 이해한다. 또한 빛의 파장 분포로부터 원자의 에너지 준위가 양자화되어 있음을 실험을 통하여 확실히 파악한다.

II 실험 이론

우리가 생활하면서 눈으로 보는 빛은 가시광선이라고 하며 대부분의 빛들은 여러 색깔의 빛들이 섞여 보이는 경우가 많다. 예를 들면 밤에 방안을 환하게 비추는 형광등의 경우에도 눈으로 보기에는 흰색이지만 분광기를 사용해 확인하면 여러 다른 빛들이 섞여 있다는 것을 알 수 있다. 또한 이러한 분광기를 사용하여 아주 작은 세계(미시계)에 대해서도 알 수 있다. 원자는 크기가 아주 작은 원자핵과 전자로 이루어져 있는 미시계이다. 따라서 우리는 원자의 구조를 눈으로 볼 수 없기 때문에 눈으로 보아서는 원자의 구조를 알아낼 수가 없다. 이러한 세계를 실험적으로 관찰하는 방법으로 분광학(spectroscopy)이 있다. 분광학은 어떤 원자, 분자, 이온 등이 흡수하거나 방출할 때 나타나는 특정한 빛(특정한 파장의 빛)을 측정하는 학문이다. 빛의 흡수나 방출은 미시계의 상태 변화에 함께 일어난다. 즉, 에너지가 높은 상태에서 낮은 상태로 변하면 두 상태의 에너지 차에 해당하는 에너지가 빛으로 나오고, 반대의 경우에는 빛이 흡수된다.

그런데 원자의 세계는 운동량이나 에너지가 높이가 들쭉날쭉한 계단처럼 불연속적인 세계이다(양자화). 즉, 계단을 올라갈 때처럼 원자는 특정한 값의 에너지 혹은 운동량만을 가질 수 있다(계단을 올라갈 때 몇 계단을 뛰어넘어 올라갈 수는 있지만 계단과 계단 사이를 밟고 올라갈 수 없는 것처럼). 원자가 가지는 특정한 에너지 값에 해당하는 상태를 우리는 에너지 준위라고 부른다. 원자 내의 전자가 에너지를 받아서 높은 에너지 준위로 들떴다가 다시 낮은 에너지 준위로 내려오게 되면 두 에너지 준위의 에너지 차이 ΔE에 의해서 결정되는 특별한 파장(또는 진동수)의 빛을 방출하게 된다(Bohr의 진동수 조건이라 부름).

$$\Delta E = h\nu = h\frac{c}{\lambda} \qquad \text{(식 6-1)}$$

memo

양자화된 에너지 준위들 간의 에너지 차이는 특정한 값을 가지기 때문에 원자에서 방출되는 빛은 특정한 파장만을 가진다. 즉, 햇빛을 프리즘을 통과시켰을 때 나타나는 무지개의 연속 스펙트럼과 달리 특별한 빛(파장)을 갖는 선스펙트럼(line spectrum)이 된다(그림 6-1의 수소원자의 스펙트럼 참조).

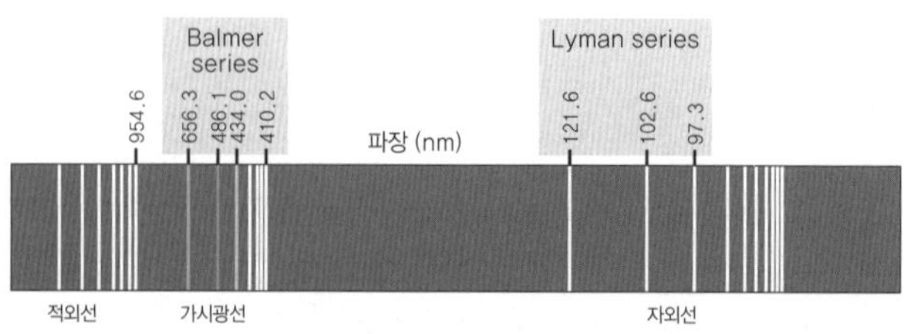

그림 6-1 수소원자의 방출 스펙트럼과 방전등

원자의 에너지 준위는 핵의 전하와 핵 주위를 돌고 있는 전자의 수 및 그 배열에 따라 달라지므로, 원자들이 흡수하거나 방출하는 빛의 파장도 원자에 따라 달라지게 된다. 1860년대 Bunsen과 Kirchhoff은 각 원소의 선스펙트럼이 원소마다 고유하다는 사실을 밝혔고, 따라서 여러 원소가 섞여 있는 시료의 선스펙트럼을 얻으면 그 속에 들어 있는 원소의 종류를 알 수 있다는 사실을 발견하였다. 이런 사실은 새로운 원소의 발견에도 이용되었고 오늘날 다양한 원소의 분석에 활용되고 있다.

수소 원자의 경우 에너지 준위는 다음 식으로 주어진다.

$$E_n = -2.18 \times 10^{-18} J \times \frac{1}{n^2} \qquad \text{(식 6-2)}$$

따라서 전이를 일으키는 두 준위 간의 에너지 차이는 (식 6-3)으로 나타낼 수 있다.

$$\Delta E = E_{위} - E_{아래} = -2.18 \times 10^{-18} J \times \left(\frac{1}{n_{위}^2} - \frac{1}{n_{아래}^2}\right) \qquad \text{(식 6-3)}$$

(식 6-1)과 (식 6-3)을 사용하면 수소의 측정 전이에서 흡수되거나 방출되는 빛의 파장을 구할 수 있다.

들뜬 원자들이 방출하거나 흡수하는 빛의 파장을 측정하기 위해서는 분광기를 사용하여야 한다. 일반적인 분광기의 원리는 그림 6-2와 같다.

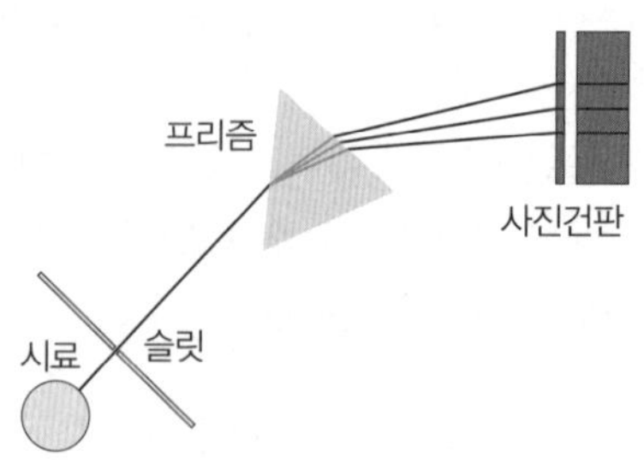

그림 6-2 분광기의 기본 구조 (방출 분광용)

분광기는 기본적으로 빛을 파장에 따라 분리하는 장치이다. 빛을 분리하는 도구로는 옛날부터 사용하던 프리즘과 근래 주로 사용하는 회절발(grating)이 있다. 프리즘은 파장에 따른 굴절률의 차이를 이용하여 빛을 분리하는 도구이고 회절발은 빛의 간섭 현상을 이용하여 특정 파장의 빛은 특정 각도에서 보강간섭을 한다는 원리를 이용한 것이다. 회절발은 1 mm 길이에 수백 개 정도의 고랑을 만든 것으로 보통 빛을 반사시키지만 이 실험에서는 빛을 투과시키는 투과 회절발을 이용한다.

이 실험에 회절발이 분광을 하는 원리를 그림 6-3에 설명하였다. 이 투과 회절발은 굴절률이 밭고랑처럼 규칙적으로 변하도록 만든 필름이다. 이 회절발과 각이 ϕ인 위치에서 강한 빛이 관찰되었다면, 이 빛의 파장 λ와, 회절발의 고랑 간의 간격 d와 각도 ϕ간에는 다음과 같은 식이 성립한다.

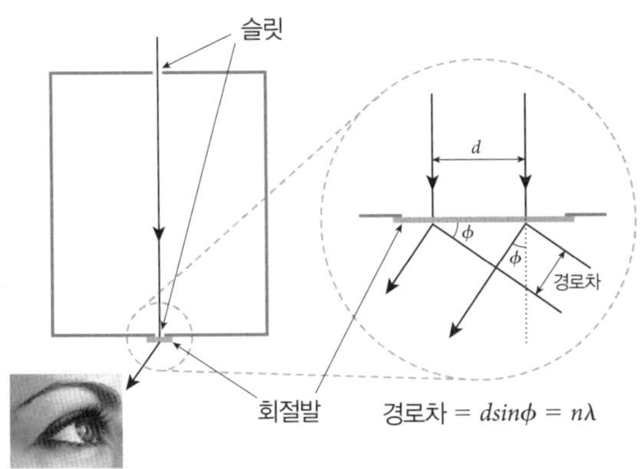

그림 6-3 분광기의 구조와 회절발의 기능

이 식에서 $d\sin\phi$는 두 빛의 경로 차이인데, 이 값이 파장의 정수배가 될 때 보강간섭이 일어나 강한 빛이 관찰된다. 이 주제에서는 학생들이 직접 분광기를 만들고 이것을 이용하여 원자에서 방출되는 빛의 파장을 측정한다. 이 측정된 파장으로부터 원소를 알아낸다. 이 실험을 통하여 분광기의 원리를 이해하고, 원자의 선스펙트럼을 실험적으로 관찰, 확인하며, 원자의 종류에 따른 스펙트럼의 변화를 이해한다.

III 실험기구 및 시약

수소램프, 수은램프, 하드보드지, 분광기 단면도, 눈금그림, 회절발, 면도칼(슬릿용), 철자, 풀, 테이프, 제도용 칼, 커팅매트

memo

IV 실험방법

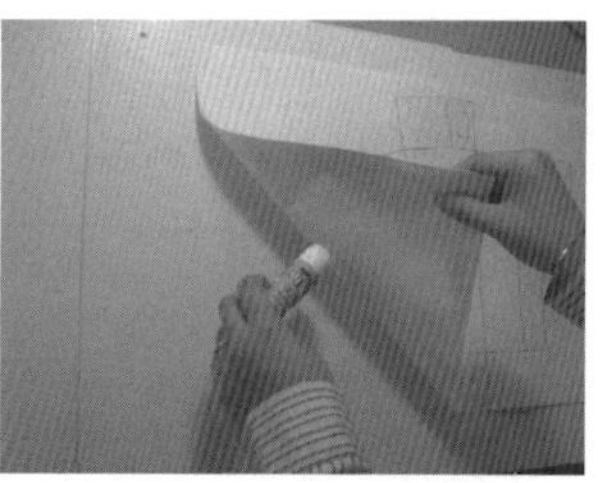

1. 단면도를 하드보드지 하얀 면 위에 딱풀을 사용하여 붙인다. 나중에 떼어내야 하므로 풀을 너무 많이 사용하지 않도록 한다.

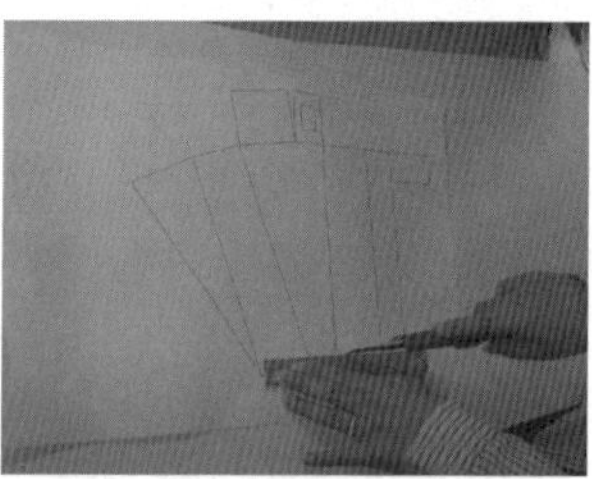

2. 철자와 칼을 이용하여 단면도의 바깥 선을 따라 잘라낸다. 잘라낸 하드보드지 위에 단면도의 안쪽 선을 따라 칼집을 낸다.

3. 단면도 상에 있는 작은 네모 부분을 잘라내고, 반으로 잘린 면도칼이 1 mm 이내 간격을 두고 마주보게 붙인다. 면도칼을 반으로 자를 때는 손을 벨 위험이 있으므로 포장 상태에서 반으로 잘라 사용한다.

4. 반대쪽의 작은 동그라미 부분은 펀치를 사용해 뚫는다.

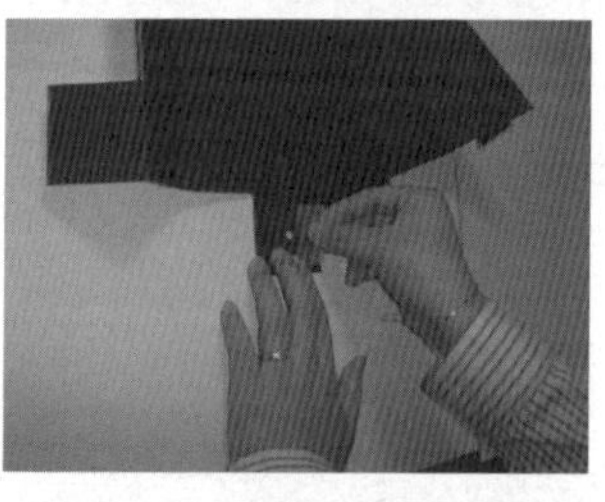

5. Grating의 방향을 올바르게 하여 위에서 뚫은 동그라미 부분의 안쪽에 테이프로 고정시킨다.

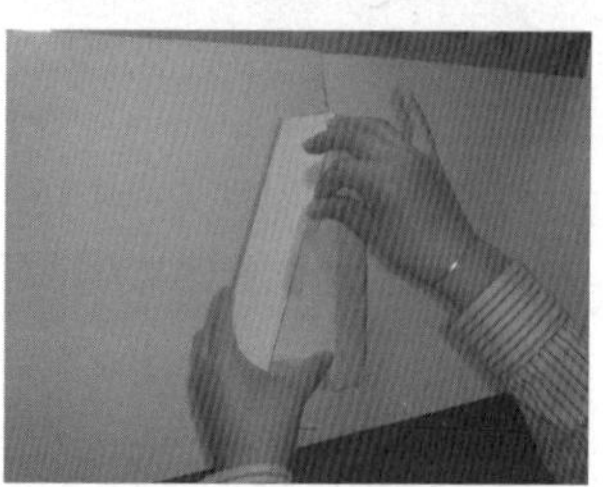

6. 칼집을 낸 곳을 따라 접고 테이프를 사용하여 빈틈없이 단단하게 붙인다.

7. 슬릿으로 들어오는 빛을 동그란 구멍을 통해 관찰해보고, 파장을 읽어본다.

예비보고서

실험 ▸ 6

실험일자 ....

memo

memo

memo

memo

memo

결과보고서

memo

실험일자 ....

실험 1. 직접 만든 분광기를 이용한 수소와 수은의 선스펙트럼 관찰

1. 수소와 수은 기체 방전관에서 나오는 색을 적으시오.

2. 관찰한 선스펙트럼을 색을 사용해서 그려 넣으시오. (눈금 고려)

수 소

수 은

3. 수소의 스펙트럼에서 빨강 선이 가장 강하게 나타나고 네 번째 보라색 선은 잘 보이지 않는 이유를 각 에너지 준위로 들떠 있는 전자의 분율로 설명하시오.

4. 이 실험에서 수소와 수은은 (   ) 에너지에 의하여 전자가 높은 에너지 준위로 전이했다가 다시 낮은 에너지 준위로 떨어지면서 빛을 낸다.

memo

실험 2. Visible detector를 이용한 선스펙트럼 관찰

1. 수소의 선스펙트럼의 파장을 확인하시오.

2. 위에서 확인한 선스펙트럼의 파장에 해당하는 색깔을 구분하시오.

3. 수소의 스펙트럼에서 선스펙트럼이 나타나는 파장 영역과 이름이 맞는 것끼리 연결하시오.

- 자외선 • 발머 계열(Balmer series)
- 가시광선 • 파쉔 계열(Paschen series)
- 적외선 • 라이먼 계열(Lyman series)

4. 수소의 스펙트럼을 통해 관찰된 각 스펙트럼 선에 해당하는 전자 전이를 확인하시오(풀이 과정 명시).

memo

생각해보기

memo

열화학 - 엔탈피 측정

실험 ▸ 7

LABORATORY EXPERIMENTS FOR GENERAL CHEMISTRY

memo

I 실험 목표

화학반응 및 물리적 변화 과정에서 나타나는 열의 흡수 또는 방출을 열량계를 이용하여 측정함으로써 열화학의 개념을 이해하고 엔탈피가 상태함수임을 확인한다.

II 실험 이론

에너지와 그 상호변환을 다루는 학문을 열역학(thermodynamics)이라고 부르며, 관심 대상을 화학적 변화로 국한할 경우 열화학(thermochemistry)이라고 부른다. 많은 물리적, 화학적 변화 과정에는 열의 이동이 수반된다. 즉, 계로부터 열이 방출되거나 흡수된다. 일정한 압력에서 계에 출입한 열의 양을 엔탈피 변화로 나타낸다. 따라서 어떠한 변화 과정에 대한 엔탈피 변화를 구하면 그 변화 과정에서 계가 흡수하거나 방출하는 열의 양을 예측할 수 있다. 엔탈피 변화를 구하는 방법은 여러 가지가 있지만 실험적으로 구하는 방법은 열량계를 이용하여 직접 측정하는 것이다. 엔탈피 변화는 엔트로피 변화와 함께 화학반응의 평형이나 자발적 변화의 방향을 결정하는 중요한 열역학적인 양이다.

엔탈피는 내부 에너지, 자유 에너지 등과 같은 상태함수이다. 따라서 반응 경로가 달라도 처음 상태와 최종 상태가 같으면 그 변화량이 같다. 다음 반응을 예로 들어 보자.

$$\text{(1)}\quad N_2(g) + 2O_2(g) \rightarrow 2NO2(g) \qquad \Delta H_1 = 68\ \text{kJ}$$

그런데 이 반응을 다음과 같이 두 단계로 나누어 일어나게 할 수 있으며, 각 단계의 반응과 엔탈피 변화는 다음과 같다.

$$\text{(2)}\quad N_2(g) + O_2(g) \rightarrow 2NO(g) \qquad \Delta H_2 = 180\ \text{kJ}$$
$$\text{(3)}\quad 2NO(g) + O_2(g) \rightarrow 2NO_2(g) \qquad \Delta H_3 = -112\ \text{kJ}$$

위의 반응 (2)와 (3)을 더하면 알짜 반응은

$$N_2(g) + 2O_2(g) \rightarrow 2NO_2(g)$$

이며,

$$\Delta H = \Delta H_2 + \Delta H_3 = (180 - 112)\text{kJ} = 68\ \text{kJ}$$

memo

이 된다. 따라서 반응이 두 단계로 나누어 진행되더라도 각 단계의 엔탈피 변화를 더하면 한 단계로 진행되는 경우와 엔탈피 변화가 같음을 알 수 있다. 즉,

$$\Delta H_1 = \Delta H_2 + \Delta H_3$$

이다. 이 사실을 요약한 것이 'Hess의 법칙'이다.

이 실험에서는 열량계를 사용하여 화학반응과 물리적 변화(용해) 과정의 엔탈피 변화를 직접 측정해 보고, 그 결과를 이용하여 Hess의 법칙과 엔탈피가 상태함수임을 확인해 본다.

계에 출입한 열의 양은 계의 열용량과 온도 변화로부터 알 수 있다. 계가 순수한 물질로 이루어진 경우, 계에 출입한 열의 양은

$$Q = s \times m \times \Delta T$$

로 주어진다. 여기서 s는 물질의 비열, m은 그 물질의 질량, ΔT는 온도 변화이다. 열량계처럼 여러 물질로 이루어진 경우에는 열량계 자체의 열용량을 먼저 측정하여야 하는 데 이 과정을 보정(calibration)이라고 부른다. 열량계 내부의 열용량이 C J/°C일 때 계에 출입한 열량은

$$Q = C \times \Delta T$$

로 구할 수 있다.

이 실험에서는 센 산인 염산과 센 염기인 수산화 소듐의 중화 반응과 수산화 소듐이 물에 용해되는 물리적 변화를 이용하여 Hess의 법칙을 확인하는 동시에 엔탈피가 상태함수임을 확인한다. 즉, 다음 세 반응의 엔탈피 변화를 열량계를 이용하여 측정한다.

(4) $NaOH(s) + HCl(aq) \rightarrow NaCl(aq) + H_2O(l)$ $\quad \Delta H_4$
(5) $NaOH(s) + H_2O(l) \rightarrow NaOH(aq)$ $\quad \Delta H_5$
(6) $NaOH(aq) + HCl(aq) \rightarrow NaCl(aq) + H_2O(l)$ $\quad \Delta H_6$

반응 (5)와 (6)을 더하면 반응 (4)가 됨을 쉽게 알 수 있다. 따라서 Hess의 법칙이 옳으면

$$\Delta H_4 = \Delta H_5 + \Delta H_6$$

식이 성립할 것이다. 실험에서는 위 세 반응의 엔탈피 변화를 열량계를 이용하여 직접 측정하고 그 결과를 이용하여 위 식이 성립함을 확인할 것이다.

III 실험기구 및 시약

0.50M HCl, 0.25M HCl, 0.50M NaOH, NaOH(고체), 100mL 삼각플라스크, 50mL 비커, 50mL 메스실린더, 온도계, 열량계

memo

IV 실험방법

실험 1. ΔH_4의 측정

1. 100 mL 삼각플라스크의 무게를 0.1 g 까지 측정하여 준비한다.
2. 위의 플라스크에 0.25 M HCl(0.50M HCl을 희석시켜 사용) 50.0 mL를 넣은 다음 단열시켜 온도를 0.1℃까지 정확하게 측정한다.
3. 약 0.50 g의 고체 수산화나트륨 알갱이를 0.01 g 까지 달아서 플라스크에 넣고 흔들어 녹인다. 이때, 용액의 최고 온도를 기록하고 플라스크의 무게를 측정한다.

실험 2. ΔH_5의 측정

1. 0.25M 염산용액 대신 물 50.0 mL를 사용하여 실험 1을 반복한다.

실험 3. ΔH_6의 측정

1. 100 mL 삼각플라스크의 무게를 0.1 g 까지 측정하고, 단열시킨다.
2. 위의 플라스크에 0.50 M HCl 25.0 mL 취한다.
3. 50 mL 메스실린더에 0.50 M NaOH 25.0 mL를 취한다.
4. 두 개 용액의 온도가 거의 같아질 때까지 기다린 후 온도를 기록한다.
5. 0.50 M NaOH을 0.50 M HCl에 재빨리 넣고, 상승한 최고 온도를 기록한다.

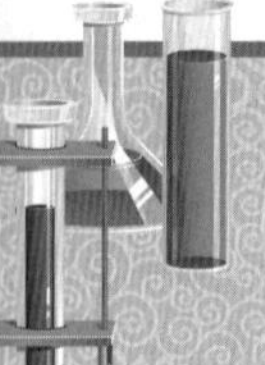

예비보고서

memo

실험일자 ....

memo

memo

memo

memo

결과보고서

실험 ▶ 7

실험일자 ....

memo

실험 1. ΔH_4의 측정

삼각플라스크의 무게	______	g
고체 NaOH의 무게	______	g
중화된 용액과 플라스크의 무게	______	g
중화된 용액의 무게	______	g
염산 용액의 온도	______	℃
중화된 용액의 최고 온도	______	℃
온도 상승값	______	℃
용액에 의해 흡수된 열량	______	J
플라스크에 의해 흡수된 열량	______	J
반응 (4)에서 방출된 열량	______	J
NaOH 1몰당 반응열, ΔH_4	______	kJ/mol

실험 2. ΔH_5의 측정

삼각플라스크의 무게	______	g
고체 NaOH의 무게	______	g
NaOH 용액과 플라스크의 무게	______	g
NaOH 용액의 무게	______	g
물의 온도	______	℃
NaOH 용액의 최고 온도	______	℃
온도 상승값	______	℃
용액에 의해 흡수된 열량	______	J

memo

플라스크에 의해 흡수된 열량 ____________ J

반응 (5)에서 방출된 열량 ____________ J

NaOH 1몰당 반응열, ΔH_5 ____________ kJ/mol

실험 3. ΔH_6의 측정

삼각플라스크의 무게 ____________ g

중화된 용액과 플라스크의 무게 ____________ g

중화된 용액의 무게 ____________ g

NaOH 용액과 염산 용액의 평균 온도 ____________ ℃

중화된 용액의 최고 온도 ____________ ℃

온도 상승값 ____________ ℃

용액에 의해 흡수된 열량 ____________ J

플라스크에 의해 흡수된 열량 ____________ J

반응 (6)에서 방출된 열량 ____________ J

NaOH 1몰당 반응열, ΔH_6 ____________ kJ/mol

memo

생각해보기

memo

카페인의 추출과 분리

실험 ▶ 8

LABORATORY EXPERIMENTS FOR GENERAL CHEMISTRY

memo

I 실험 목표

커피나 홍차에 많이 들어 있는 카페인의 추출 실험을 통하여 화학에서 유용한 물질을 분리해 내는 방법 중 하나인 추출의 원리를 살펴본다. 아울러 추출이 용매에 따른 용해도 차이를 이용함을 이해한다.

II 실험 이론

자연의 생명체 내에 존재하는 유기 물질들 중에는 의약품이나 염료(색소) 등으로 쓰이는 유용한 물질이 많이 있다. 따라서 생체 시료에서 유용한 유기 물질을 추출하고 분리하는 것은 새로운 물질을 얻는 중요한 방법 중 하나이다. 이 실험에서 추출할 카페인(caffeine)은 그림 8-1과 같은 구조를 가지며, 홍차, 카카오 등에 함유되어 있고 모르핀이나 니코틴과 함께 알칼로이드라고 하는 천연물질 중의 하나이다. 일반적으로 커피 한 잔에는 100 mg, 홍차 한 잔에는 40 mg 정도의 카페인이 함유되어 있다.

카페인

그림 8-1 카페인의 구조

고체 카페인은 흰색의 바늘모양 가루 형태이며, 238℃에서 녹는다. 적당한 양의 카페인은 피로를 풀어주고, 감각 기능을 높여주고, 졸음을 막아주는 효과도 있지만 신경과민이나 수족의 떨림, 두통, 불면증을 일으키기도 한다. 이 실험에서는 용매 추출법을 이용하여 홍차에 함유된 카페인을 분리한다. 용매 추출법은 용매에 따른 용해도 차이를 이용하여 특정 성분을 분리해 내는 방법이다. 서로 다른 두 용매와 특정 용질을 섞어 잘 흔들어주면 용질은 두 용매에 서로 다른 비

memo

율로 녹아 들어가게 된다. 당연히 용해도가 높은 용매에 더 많은 용질이 분배되게 된다. 이 때 두 용매에 녹아 들어간 용질의 상대적 비를 분배계수(distribution coefficient; K)라고 부르며, 다음과 같이 정의한다.

$$\mathrm{K} = \frac{\text{용매 } A\text{에서의 용해도}}{\text{용매 } B\text{에서의 용해도}}$$

용매 추출의 효율을 높이기 위해 흔히 염석효과(salting-out effect)를 활용한다. 염석효과는 용매 추출 시 수용액 층에 NaCl과 같은 염을 넣어주면 수용액에 녹아 있는 유기물이 유기 용매 층으로 더 많이 분배되는 현상이다.

III 주의 및 참고사항

1. 분별 깔때기를 흔들 때에는 용액이 새어 나오지 않도록 마개를 손가락으로 잘 눌러 주어야 하고, 가끔씩 마개를 열어서 내부의 압력을 제거해야 한다. 마개를 열 때는 깔때기의 입구가 사람을 향하지 않도록 조심하여야 한다.
2. 메틸렌클로라이드는 독성이 강한 용매이기 때문에 손에 묻지 않도록 조심하고, 사용한 용매는 반드시 회수통에 모아서 적절하게 처리하여야 한다.

IV 실험기구 및 시약

홍차, $CaCO_3$, 메틸렌클로라이드, NaCl 포화용액, Na_2SO_4, 핫플레이트, 저울, 오븐, 스탠드, 감압기, 뷰흐너 깔때기, 감압 플라스크, 250 mL 둥근바닥 플라스크, 100 mL 비커, 분별 깔때기, 거름종이, 집게, 유리막대

V 실험방법

1. 100 mL 비커에 50 mL의 증류수를 넣고 70~80°C로 가열한다.
2. 홍차 티백 하나를 뜯어 홍차의 무게를 잰다.
3. 위의 비커에 홍차 티백과 $CaCO_3$ 0.4 g을 넣은 후 20~30분간 가열한다.
4. 뜨거운 물을 조금 식힌 다음 홍차 티백을 꺼내어 손으로 눌러 짠다.
5. 뷰흐너 깔때기에 거름종이를 놓고 위의 용액을 감압장치를 사용하여 거른다. 이 때 소량의 물을 사용하여 비커에 남아 있는 홍차 용액이 없도록 씻어 감압한다.
6. 거른 용액과 메틸렌클로라이드 20 mL, NaCl 포화용액 5 mL를 분별 깔때기

에 넣은 뒤 분별 깔때기의 마개를 막고 2분 이상 흔들어 준다. 한두 번 흔든 후 코크를 열어 발생하는 기체를 빼주고, 코크를 열 때에는 입구가 주변 사람을 향하지 않도록 조심한다. 또한 깔때기를 너무 세게 흔들면 에멀젼이 만들어지므로 주의하여야 한다.

7. 에멀젼이 생기면 분별 깔때기의 코크를 돌려가면서 가볍게 흔들어주고, 그래도 없어지지 않으면 약수저를 사용해서 에멀젼 근처를 조심스럽게 저어준다.

8. 분별 깔때기를 스탠드에 세워두고 잠시 기다린 후에 아래쪽의 메틸렌클로라이드 용액을 비커로 조심스럽게 받아낸다.

9. 위쪽에 남은 수용액 층에 다시 메틸렌클로라이드 20 mL 와 NaCl 포화용액 5 mL를 넣고 위의 과정을 2회 더 반복한다.

10. 이렇게 얻어진 메틸렌클로라이드 용액에 Na_2SO_4를 2스푼 넣고, 가볍게 흔들어 준 다음 감압필터를 한 후 메틸렌클로라이드를 감압증류하여 제거한다.

11. 둥근바닥 플라스크의 물기를 제거한 후 플라스크의 무게 차이를 이용하여 카페인의 질량을 측정하고 홍차의 카페인 함량을 계산할 수 있다.

실험 ▶ 8

예비보고서

memo

실험일자 ....

memo

memo

memo

memo

결과보고서

실험 ▸ 8

실험일자 ....

memo

1. 추출한 카페인의 색깔

____

2. 홍차 티백 하나에 포함되어 있는 카페인의 양

a. 사용한 홍차 티백의 수

______________________________ 개

b. 홍차 티백에 들어 있는 홍차 잎의 질량

______________________________ g

c. 추출한 카페인의 질량

______________________________ g

d. 홍차 티백 하나에 포함된 카페인의 질량

______________________________ g

e. 홍차 티백 하나에 포함된 카페인의 백분율

______________________________ %

memo

3. 실제로 홍차에 들어 있는 카페인의 양은 약 0.02 g이다. 수득률을 구하여라.

4. $CaCO_3$를 사용하는 이유는 무엇인가?

memo

생각해보기

memo

크로마토그래피(chromatography) 9

LABORATORY EXPERIMENTS FOR GENERAL CHEMISTRY

memo

I 실험 목표

혼합물을 분리, 분석하는 유력한 방법인 크로마토그래피의 원리를 살펴보고, 물질이 분리되는 이유가 정지상과 이동하는 각 물질의 상호작용의 차이 때문임을 이해한다. 또한 여러 가지 크로마토그래피법의 특성과 차이점을 살펴본다.

II 실험 이론

1 원리

크로마토그래피법은 이동하는 혼합물 속의 각 성분들(이동상)에 따라 고정상에 대한 친화력의 차이를 이용하여 혼합물을 분리하는 방법이다. 즉, 고정상에 대한 친화력이 높을수록 이동하는 속도가 느리기 때문에 같은 위치에서 출발한 혼합물은 일정 거리를 이동하고 나면 그 위치가 서로 달라져 분리된다. 크로마토그래피는 이동상과 고정상의 종류에 따라 매우 다양하게 분류된다. 우선 이동상의 상에 따라 나눌 수 있는데, 이동상이 기체이면 기체 크로마토그래피(gas chromatography), 액체이면 액체 크로마토그래피(liquid chromatography)라고 부른다. 또 고정상의 물질에 따라 여러 가지 방법들이 있다. 그림 9-1과 9-2는 흔히 사용하는 종이 크로마토그래피법과 기체 크로마토그래피법을 보여준다.

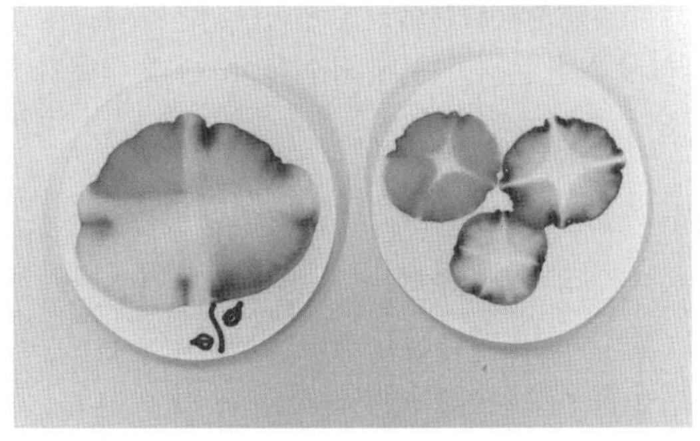

그림 9-1 종이 크로마토그래피법

memo

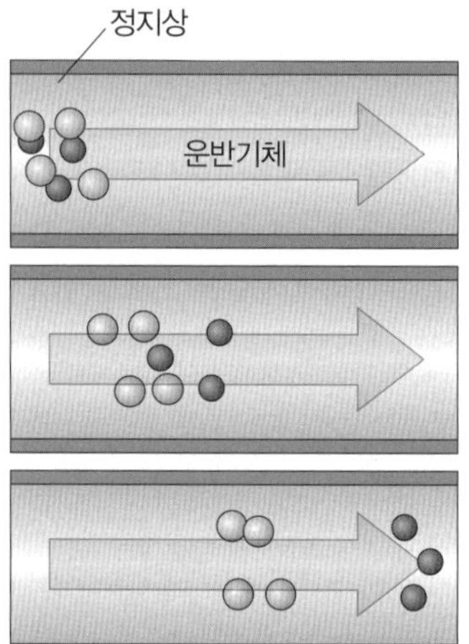

그림 9-2 기체-액체 크로마토그래피법

2 크로마토그래피의 종류

다양한 크로마토그래피법 중 많이 사용하는 것들과 그 특성을 요약하면 다음과 같다.

가) TLC (Thin Layer Chromatography) : 고체-액체 흡착크로마토그래피의 한 형태

- 고정상 : 실리카겔이나 알루미나
- 이동상 : 용액
- 특 성 : 적은 양의 시료검출이 가능하다. R_f값의 재현성은 좋지 않지만 분리가 용이하고 유기물질 확인에 주로 사용한다.

나) 관 크로마토그래피 : 액체-고체 흡착크로마토그래피

- 정지상 : 고체흡착제
- 흡착원인 : 분자들간 인력(정전기적 인력, 쌍극자-쌍극자 인력, 수소결합, Van der Waals힘 등)
- 특 성 : 고체시료를 분리하는 데 용이하고, 관의 길이가 길수록 띠넓힘이 일어나 분리가 정확하다.

다) 종이 크로마토그래피 : 액체-액체 크로마토그래피

- 고정상 : 종이의 섬유질에 흡착되어 있는 물
- 특 성 : TLC보다 R_f의 재현성이 좋다. 관의 길이가 길수록 띠넓힘이 반응혼합물을 신속하게 정성분석하는 데 사용한다.

※ **참고 :** 역상 크로마토그래피(Reverse phase Chromatography)

❶ 비극성 컬럼, 극성 이동 : HPLC 분석에 있어 대부분의 실험에 역상 크로마토그래피가 이용되며 정지상으로 Octadecyl silane, Octyl silane, 이동

상으로는 물과 메탄올, 아세트나이트릴과 같은 물과 잘 섞이는 유기 용매가 사용된다.

❷ 특징 :

ⓐ 같은 종류의 컬럼과 이동상으로 비이온성, 이온성 화합물을 분리할 수 있다.

ⓑ 역상 크로마토그래피 컬럼은 비교적 안정하여 별다른 주의가 필요 없다(단, pH는 7이 넘지 않도록 주의).

ⓒ 역상 크로마토그래피에서 사용되는 이동상은 저렴하고 쉽게 구할 수 있다.

ⓓ 시료의 비극성이 증가할수록 머무름 시간이 증가하므로 혼합물의 용리순서를 쉽게 예측할 수 있다.

ⓔ 컬럼의 평형이 빨리 이루어지므로 기울기 용리시 용매 조성 변화를 빨리 바꿀 수 있고 분석이 끝나면 빨리 초기화시킬 수 있다.

❸ 발색시키는 방법 :

자체 색, 용질의 작용기와 반응하는 물질 사용, 자외선 이용, 형광법, 방사선법

3 R_f 값

크로마토그래피에서 특정 물질의 이동 정도를 나타내는 척도로 R_f 값을 사용한다. R_f 값은 그림 9-3에서 보듯이 다음 식으로 정의한다.

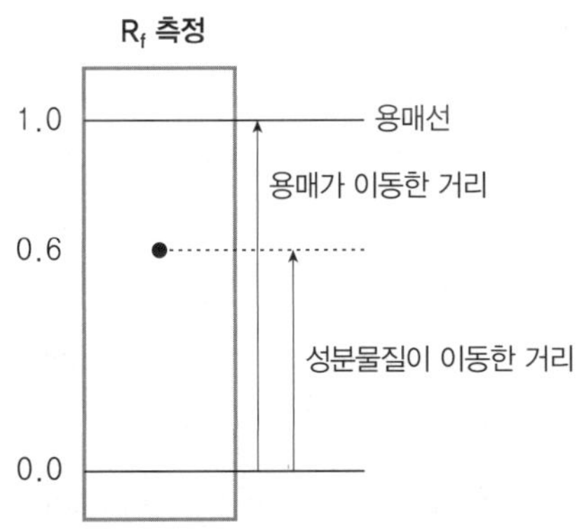

그림 9-3 R_f 측정
R_f = 성분물질이 이동한 거리/용매가 이동한 거리

4 o-bromophenol, m-bromophenol, p-bromophenol

이 실험에 사용하는 이치환 벤젠은 위치를 나타내는 숫자를 쓰거나 오쏘(ortho), 메타(meta), 파라(para)와 같은 머리글자를 써서 명명한다. 오쏘(ortho)는 두 치환체가 벤젠고리의 1,2- 위치에 서로 위치하는 것을 의미한다. 메타(meta)는 1,3- 위치이고, 파라(para)는 1,4- 위치에 있음을 의미한다.

memo

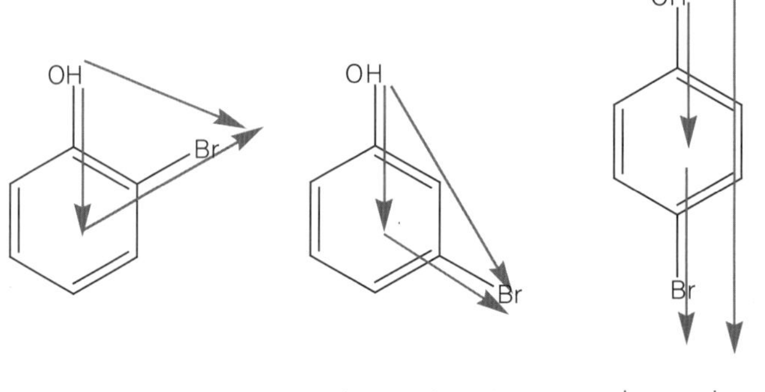

그림 9-4 o-bromophenol, m-bromophenol, p-bromophenol의 극성 크기

파란색 화살표는 −OH가 전자를 주면 −Br가 전자를 받는 것을 표시한 것이고 빨간색 화살표는 그것이 나타내는 벡터 값의 합이다. 여기서 벡터 값의 합이 의미하는 것은 극성의 크기이다. 따라서 극성의 크기는 o-bromophenol < m-bromophenol < p-bromophenol 가 된다. 실험을 통하여 알게 되겠지만 극성의 크기에 따라 크로마토그래피에서 이동하는 거리가 달라진다.

III 실험기구 및 시약

30% 메탄올, 100% 메탄올, 전개액($CHCl_3$), o-bromophenol 용액, p-bromophenol 용액, o-bromophenol + p-bromophenol 혼합용액, 파랑색소 + 빨강색소 혼합용액, C-18 카트리지, 주사기, adapter, TLC판, TLC 챔버, 모세관, 핀셋, 100 mL 비커, 10 mL 메스실린더, 파스츄어 피펫, UV 램프

IV 실험방법

실험 1. 얇은 막 크로마토그래피(정상 크로마토그래피)

1. 준비된 분석용 시료 o-bromophenol, p-bromophenol 두 용액을 모세관에 묻혀서 TLC판의 바닥에서 1 cm 위치에 1 cm 간격으로 일렬로 찍고 말린다.
2. 두 용액을 혼합한 (o-bromophenol + p-bromophenol) 용액을 위와 같은 방법으로 TLC판에 찍는다.
3. 이 TLC판을 전개액이 담긴 챔버에 넣어 전개를 시작한다. 시료의 반점이 전개액에 잠기지 않도록 주의하고 챔버의 뚜껑을 덮어 전개제가 증발하지 않도록 한다.
4. 전개제가 TLC판의 위쪽 끝에서 1 cm 정도 떨어진 곳까지 도달하면 TLC판을 꺼내어 말린다.

memo

5. UV 램프(254 nm)로 반점을 확인하여 R_f값을 측정한다.

실험 2. C-18 카트리지를 이용한 색소분리(역상 크로마토그래피)

1. C-18 카트리지에 물을 3 mL 채운 후 주사기를 끼우고 서서히 압력을 가해 카트리지를 씻어준다.
2. 빨강, 파랑 색소의 혼합 용액 한 방울을 카트리지 위쪽에 떨어뜨린 후 약 3 mL의 물을 주사기에 채워 서서히 압력을 가해주면서 두 색소의 이동을 관찰한다.
3. 물을 다 통과시킨 후, 30% 메탄올 3 mL 정도를 채우고 주사기의 압력으로 통과시키면서 남아 있는 색소의 이동을 관찰한다.
4. 남아 있는 색소가 더 있다면 100% 메탄올을 통과시켜 남은 색소의 움직임을 관찰한다.
5. 카트리지를 사용한 후에는 100% 메탄올을 사용하여 남아 있는 색소가 없도록 깨끗하게 세척하고 물로 다시 세척해준다.

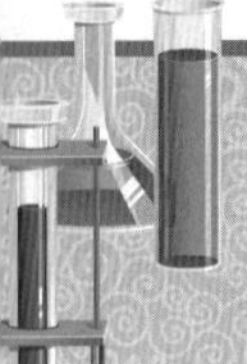

예비보고서

memo

실험일자 ....

memo

memo

memo

memo

memo

실험일자 ....

실험 1. 얇은 막 크로마토그래피 (정상 크로마토그래피)

1. 실험에서 얻은 TLC판을 붙여라.

2. 관찰된 R_f 값을 적어라.

	o-bromophenol	p-bromophenol	o-bromophenol + p-bromophenol
R_f			

3. 전개제의 증발을 막아야 하는 이유를 설명하여라.

4. 시료반점의 크기가 너무 크면 안되는 이유는 무엇이며, 시료반점이 용매에 잠기면 어떻게 될까?

5. R_f 값이 큰 물질의 성질은 R_f 값이 작은 물질에 비하여 어떤 성질이 있겠는가?

memo

실험 2. C-18 카트리지를 이용한 색소 분리(역상 크로마토그래피)

1. 나오는 순서 ____________________________

극성의 크기 ____________________________

2. 실험 2에서 30% 메탄올을 사용했을 때의 관찰 결과를 설명하시오.

3. 전체적으로는 극성의 차이가 거의 없지만 극성이 작은 부위에 약간의 차이가 있는 경우에는 정상 크로마토그래피와 역상 크로마토그래피 중에서 어느 쪽이 분리에 유리할까? 그 이유를 설명하시오.

memo

생각해보기

memo

기체의 몰질량 측정

실험 ▸ 10

LABORATORY EXPERIMENTS FOR GENERAL CHEMISTRY

memo

I 실험 목표

기체의 질량과 부피 측정을 통하여 기체의 밀도를 측정하고 몰질량을 구해 본다. 이를 통하여 기체 분자마다 고유한 질량을 가짐을 확인한다.

II 실험 이론

화학은 물질의 성질과 물질의 변화를 다루는 과학이다. 다시 말하면 물질이 바로 화학의 연구 대상인 것이다. 따라서 화학에서 물질의 양을 정확히 나타내는 것은 매우 중요하다. 화학에서는 몰(mole) 단위를 사용하여 물질의 양을 나타낸다. 1 mol은 어떤(원자, 분자, 화학식) 단위 6.022×10^{23}개를 말하며, 이 숫자를 아보가드로(Avogadro) 수라고 부른다. 몰의 개념은 화학에서 물질의 양을 다룰 때 사용되는 매우 중요한 개념이다.

주기율표를 보면 원소 기호 아래에 원자량이 표기되어 있는데, 단위가 없이 표기된 것을 알 수 있다. 그 이유는 다음과 같이 두 가지 의미로 이해할 수 있기 때문이다. 철을 예로 들어보자. 주기율표 상에서 철의 원자량은 55.85이다. 이 숫자는 철 원자 1개의 질량이 55.85 amu(1 amu = 1 Da = 1.66054×10^{-24} g)이며, 동시에 철 원자 1 mol의 질량이 55.85 g임을 의미한다. 이와 같이 어떤 물질 단위 1 mol 개의 질량을 몰질량이라고 부르고, 단위는 g/mol이다. 원소의 원자의 몰질량은 앞에서 말한 대로 주기율표에 제시되어 있다.

2개 이상의 원자들이 결합하여 독립된 단위인 분자를 형성하는 경우, 이 분자의 몰질량(흔히 분자량이라고 부른다.)은 분자에 들어 있는 원자의 원자량의 합이다. 예를 들어, 물의 분자량(몰질량)은 O의 원자량 + 2 × (H의 원자량)이 되고, 그 값은 18.02 g/mol이다. 이온화합물의 경우에는 분자라는 독립된 단위로 존재하지 않으므로, 분자 혹은 분자량이라는 용어를 사용할 수 없다. 대신 화학식 단위에 포함된 원자의 몰질량을 모두 더하여 화학식 단위의 몰질량을 얻고, 그 값을 그 물질의 몰질량으로 사용한다. 예를 들어 이온화합물인 NaCl의 몰질량은 22.99 g/mol + 35.45 g/mol = 58.44 g/mol이 된다.

일정 온도에서 일정한 부피 속에 들어 있는 기체의 압력은 용기 내에 들어 있는 기체의 종류와는 상관없이 기체의 몰수(혹은 분자의 개수)에 비례한다. 그러나 들어 있는 기체의 질량(혹은 밀도)는 기체의 종류에 따라 달라진다. 이상기체

memo

상태방정식을 이용하여 이를 확인하여 보자. 이상기체 법칙

$$PV = nRT \quad \text{(식 10-1)}$$

에서 $n = \frac{W}{M}$ (여기서 W는 기체의 질량, M은 기체 분자의 몰질량이다)이므로

$$PV = \frac{W}{M}RT \quad \text{(식 10-2)}$$

$$W = M\frac{PV}{RT} \quad \text{(식 10-3)}$$

이다. 따라서 일정한 온도와 압력에서 같은 부피 속에 들어 있는 기체의 질량은 몰질량에 비례함을 알 수 있다. (식 10-3)을 변형하면 (식 10-4)를 얻는다.

$$M = \frac{WRT}{PV} \quad \text{(식 10-4)}$$

(식 10-4)는 일정 온도, 압력 하에서 기체의 부피와 질량을 측정하면 이 기체의 몰질량을 구할 수 있음을 보여준다.

또 기체의 밀도 $d = \frac{W}{V}$ 이므로

$$d = \frac{W}{V} = \frac{MP}{RT} \quad \text{(식 10-5)}$$

(식 10-5)로부터 우리는 기체의 밀도가 몰질량(분자량)에 비례함을 알 수 있다. 또 일정량의 기체의 밀도는 압력에 비례하며, 온도에 반비례함도 알 수 있다.

(식 10-4)나 (식 10-5)를 이용할 때 주의할 점은 각 양의 단위를 올바르게 사용해야 한다는 것이다. 즉, 측정한 기체의 압력과 같은 단위의 기체상수 R 값을 사용해야 하며, 온도 T는 반드시 절대온도를 사용하여야 한다. 또 부피 단위도 측정에 사용한 단위와 기체상수 R의 단위를 일치시켜야 한다. 참고로 관련된 양의 환산 인자와 기체 상수 값은 다음과 같다.

압력 P : 1 atm = 760 mmHg = 760 torr = 1.01325 bar = 101,325 Pa
절대온도 T : K = 273.15 + ℃
기체상수 $R = 0.08206\ atm \cdot L/mol \cdot K$

III 실험기구 및 시약

미지시료, 핫플레이트, 저울, 500 mL 비커, 50 mL 삼각플라스크, 50 mL 메스실린더, 온도계, 알루미늄포일

memo

IV 실험방법

1. 완전히 건조된 50 mL 삼각 플라스크의 입구에 알루미늄포일로 뚜껑을 만들어 씌우고, 알루미늄포일 한가운데에 바늘로 조그마한 구멍을 뚫는다. 구멍의 크기는 작을수록 좋다.
2. 뚜껑을 씌운 플라스크의 무게를 정확하게 측정한다.
3. 이 삼각 플라스크에 미지시료 2 mL를 넣고 알루미늄포일을 다시 씌운 후, 스탠드를 사용하여 500 mL 비커 속에 고정시킨다.
4. 플라스크의 목이 거의 잠길 때까지 비커에 물을 채우고 서서히 가열하면서 플라스크 속의 액체가 완전히 증발된 순간의 온도를 기록한다.
5. 집게를 이용하여 비커에서 플라스크를 꺼내어 식힌다. 플라스크는 매우 뜨거우므로 손으로 절대 만지지 않는다.
6. 플라스크를 상온에서 식히면 그 안의 기체가 응축을 일으킨다. 플라스크의 바깥에 묻은 물기를 수건을 사용해 완전히 닦아내고, 완전히 말린 플라스크의 무게를 다시 측정한다.
7. 플라스크 안의 응축액체는 모두 버리고, 대신 증류수를 가득 채워 무게를 측정한다. 이 값을 이용해서 플라스크의 부피를 계산한다.

예비보고서

memo

실험일자 ....

memo

memo

memo

memo

결과보고서

실험 ▸ 10

LABORATORY EXPERIMENTS FOR GENERAL CHEMISTRY

실험일자 ....

memo

1. 플라스크와 알루미늄 뚜껑의 무게

________________ g

2. 냉각시킨 플라스크와 알루미늄 뚜껑의 무게

________________ g

3. 응축된 시료의 무게

________________ g

4. 끓는물의 온도

________________ °C

5. 대기압

________________ atm

6. 플라스크의 부피

________________ mL

7. 액체 시료의 몰질량

________________ g/mol

memo

8. 이 실험에 사용되는 미지시료는 어떠한 성질을 가지고 있어야 실험 목적에 가장 적합하겠는가?

memo

생각해보기

memo

인산 적정과 완충용액

실험 ▶ 11

memo

I 실험 목표

완충용액이 작용하는 기본 원리를 이해하고, 이를 바탕으로 적정법으로 완충용액을 만들어 완충용액의 작용을 실험적으로 확인한다.

II 실험 이론

완충용액(buffer solution)이란 소량의 강산이나 강염기를 가해도 pH의 변화가 거의 없는 용액을 말한다. 완충용액은 약산과 약산의 염(짝염기) 또는 약염기와 약염기의 염(짝산)을 혼합하여 만든다. 용액 중에 약산과 그 짝염기가 공존하면,

$$HA(aq) + H_2O(aq) \rightleftharpoons H_3O^+(aq) + A^-(aq)$$

위 반응식과 같은 평형 상태에 도달한다. 이 용액에 소량의 강산을 가하면 이 강산은 용액 중의 염기인 A^-와 반응하여 HA를 생성하므로 용액 중의 H_3O^+의 농도는 거의 변하지 않는다(아주 조금 증가한다). 반대로 강염기를 소량 가하면 용액 중의 약산인 HA와 반응하여 A^- 이온을 생성하므로 역시 H_3O^+의 농도는 거의 변하지 않는다(아주 조금 감소한다). 이러한 원리로 완충용액은 소량의 강산이나 강염기가 가해져도 pH의 변화가 거의 없이 일정하게 유지된다.

완충용액의 pH는 Henderson-Hasselbalch 식을 이용하여 편리하게 구할 수 있다.

$$pH = pK_a + \log\left(\frac{[\text{염기}]}{[\text{산}]}\right) = pK_a + \log\left(\frac{[A^-]_0}{[HA]_0}\right)$$

이 식에서 pK_a는 사용한 약산의 해리상수이며 $[HA]_0$와 $[A^-]_0$는 각각 약산과 그 짝염기의 초기 몰농도이다. 이 식은 근사식이므로 용액의 최종적인 pH는 pH 미터를 이용하여 측정해 얻는다.

이 실험에서 학생들은 많이 사용하는 완충용액인 인산 완충용액을 만들어 본다. 인산은 다양성자산의 일종이다. 다양성자산이란 2개 이상의 양성자를 제공할 수 있는 Brønsted 산을 말하며, 황산 H_2SO_4, 탄산 H_2CO_3, 인산 H_3PO_4 등이 있다.

일반화학 교과서의 관련 내용을 보면 완충용액을 만드는 2 가지 방법을 소개하고 있다. 첫 번째는 약산과 그 짝염을 위의 Henderson-Hassellbalch 식에서 예측되는 비율로 녹여 수용액을 만드는 방법이다. 또 다른 방법은 약산을 강염기로 적정

memo

해가면서 원하는 pH에 도달하면 적정을 멈추는 방법이다. 아래 그림 11-1에서 보듯이 약산을 센염기로 적정하면 당량점 이전 영역에서 용액은 완충용액이 된다.

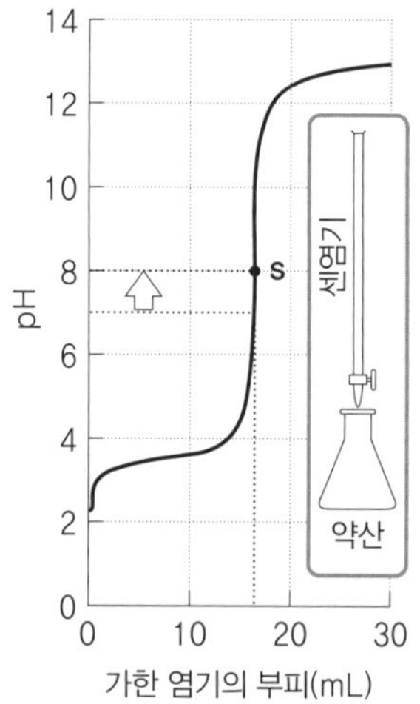

그림 11-1 약산-센염기 적정 곡선

완충용액을 만드는 과정에서 적정(titration)을 이용하게 되는데, 적정이란 농도를 알고 있는 용액(적정액 또는 표준용액)을 이용하여 농도를 모르는 용액(분석액)의 농도를 알아내는 부피 분석법이다. 여기서 부피 분석법이란 부피를 측정하여 분석하는 방법을 의미한다. 적정법은 적정에 사용하는 화학반응에 따라 산-염기 적정과 산화-환원 적정이 있는데, 이 실험에서는 산-염기 적정을 이용한다. 적정에서 이미 농도를 알고 있는 용액을 표준용액 또는 적정액이라고 부르며, 뷰렛에 들어간다. 농도를 모르는 용액을 분석액이라고 부르며, 삼각플라스크에 담아 뷰렛 아래에 놓는다. 정확히 산과 염기 몰수가 일치하는 상태가 바로 중화반응이 완결된 상태이며 이 점이 당량점(equivalence point)이라고 부르는 이론적인 점이다. 적정에서 지시약이 변색되는 점을 종말점(end point)이라고 부르는데, 당량점과 종말점이 가까울수록 올바른 분석이라고 할 수 있다.

그림 11-2 적정장치

memo

III 주의 및 참고사항

1. pH 센서가 마그네틱 바에 의해 깨지지 않도록 세팅한다.

IV 실험기구 및 시약

0.10M H_3PO_4, 0.10M NaOH, 컴퓨터, Logger Pro, 컴퓨터 인터페이스, 교반기, pH 센서, 스탠드, 250 mL 비커, 100 mL 메스실린더, 뷰렛, 깔때기, 마그네틱 바

V 실험방법

1. 데이터 수집을 위해 pH 센서를 준비한 후, 랩프로 인터페이스 CH1에 연결한다.
2. 250 mL 비커에 0.10M H_3PO_4 20 mL를 준비한다.
3. 위의 비커에 마그네틱 바를 넣고 교반기 위에 올려놓는다. 이 때 용액이 튀지 않도록 교반기의 속도를 조절한다.
4. pH 센서를 스탠드에 고정시키고 위의 비커에 담가 pH 센서가 용액에 잠길 수 있도록 한다. 마그네틱 바가 회전하면서 pH 센서가 손상되지 않도록 주의한다.
5. 100 mL 비커에 0.10M NaOH 60 mL를 준비하고, 뷰렛에 NaOH를 채운다.
6. 데이터 수집을 위해서 Logger Pro의 chemistry with computers 폴더에 있는 “25a.Titration Dip Acid” 파일을 연다.
7. 데이터 수집을 위해서 [Collect] 버튼을 누른다. pH 값이 안정화가 되면 용액의 부피에는 0.00(NaOH 적정 전)을 입력하고, [Keep] 버튼을 클릭하여 첫 번째 데이터 쌍을 저장한다.
8. 뒷장의 표를 참고하여 NaOH를 H_3PO_4가 담긴 비커에 넣고, pH 값이 안정화되면 [Keep] 버튼을 클릭한다.
9. 종말점을 확인하고 pH 값의 변화가 없으면 데이터 수집을 중지하기 위해 [Stop] 버튼을 클릭한다.
10. 그래프를 보고 pH 변화를 확인한다.

memo

더해준 NaOH (mL)	NaOH 의 총량 (mL)	pH	더해준 NaOH (mL)	NaOH 의 총량 (mL)	pH	더해준 NaOH (mL)	NaOH 의 총량 (mL)	pH
0	0		.			0.5	38.5	
5	5		.			0.5	39	
5	10		.			.		
3	13		.	21		.		
2	15		0.5	21.5		.		
2	17		0.5	22		.	40	
1	18		1	23		.		
0.5	18.5		2	25		.		
0.5	19		2	27		.		
.			3	30		.	41	
.			3	33		0.5	41.5	
.			2	35		0.5	42	
.			2	37		1	43	
.	20		1	38		2	45	

예비보고서

실험 ▸ 11

실험일자

memo

memo

memo

memo

memo

결과보고서

memo

실험일자 ....

1. 적정 곡선의 그래프에 당량점과 완충 영역을 표시하시오.

2. 첫 번째 완충영역과 두 번째 완충영역에서 완충작용이 최대인 pH를 인산의 pK_{a1}과 pK_{a2}의 값과 비교해 보아라.

3. 일반적인 약산 HX에 대하여 Henderson-Hasselbalch 식을 유도하여라.

4. 센산이나 센염기로는 완충용액을 만들 수 없는 이유를 설명하여라.

memo

5. 완충작용은 HX와 X^-의 농도가 같을 때 가장 크게 나타나는 이유를 설명하여라.

6. 인산의 첫 번째와 두 번째 당량점에서의 이론적인 pH 값을 계산해보고 실험치와 비교하여라.

memo

생각해보기

memo

산화-환원 적정 : 과망간산법

실험 ▶ 12

LABORATORY EXPERIMENTS FOR GENERAL CHEMISTRY

memo

I 실험 목표

산화-환원 적정을 통하여 산화-환원 적정의 원리를 이해하고, 당량의 개념을 적용하여 적정의 결과를 해석하는 방법을 공부한다. 이를 바탕으로 정량분석의 기본원리를 알아본다.

II 실험 이론

적정(titration)이란 농도를 알고 있는 용액(적정액 또는 표준용액)을 이용하여 농도를 모르는 용액(분석액)의 농도를 알아내는 부피 분석법이다. 여기서 부피 분석법이란 부피를 측정하여 분석하는 방법을 의미한다. 적정법은 적정에 사용하는 화학반응에 따라 산-염기 적정과 산화-환원 적정이 있다. 이 실험에서는 산화-환원 적정을 공부한다.

산화-환원 적정에서는 산화-환원반응을 이용한다. 산화(oxidation)란 전자를 잃는 과정이며, 환원(reduction)은 전자를 얻는 과정이다. 화학반응 중에는 전자가 창조되거나 소멸되지 않으므로 전자를 내어놓는 산화반응과 전자를 받아들이는 환원반응이 동시에 일어나야 한다. 따라서 산화반응과 환원반응은 항상 함께 일어나며, 그런 이유로 산화-환원 반응이라고 부른다. 산화-환원 반응에서 상대 화학종을 산화시키는 물질을 산화제라 하고, 상대 화학종을 환원시키는 물질을 환원제라고 부른다. 산화제는 상대 화학종으로부터 전자를 빼앗으므로 반응 중 자신은 환원된다. 반대로 환원제는 전자를 내어 놓으므로 자신은 산화된다. 화학반응 중 전자의 이동은 눈으로 볼 수 없고 오직 반응 전과 반응 후 각 화학종에 들어 있는 원자들의 산화수의 변화로부터 알 수 있다. 화학종 내의 원자에 산화수를 부여하는 방법은 일반화학 교과서에 자세히 소개되어 있다.

산화 환원 적정은 산화제 또는 환원제의 표준 용액을 써서 시료 물질을 완전히 산화 또는 환원시키는 데 소모된 양(부피)을 측정하여 시료 물질을 정량하는 부피 분석법이다. 지시약을 사용하여 종말점을 찾는 산-염기 적정과 달리 산화-환원 적정에서는 사용하는 반응에 따라 서로 다른 방법으로 종말점을 찾는다.

1) 지시약 사용 – 예) 요오드 적정법
2) 반응물 자체 색 이용 – 예) 과망간산법
3) 전기적인 방법 – 예) 전위차 적정법

memo

산화-환원 적정에서 $KMnO_4$와 I_2를 대표적인 산화제로 사용한다. 산성 용액에서 $KMnO_4$의 반쪽 반응은 다음과 같다.

$$MnO_4^- + 8H^+ + 5e^- \rightarrow Mn^{2+} + 4H_2O \quad E_o = 1.51\ V$$

황산 산성용액에서 철(II)과의 반응은 다음과 같다.

산화 반쪽반응 : $Fe^{2+}(aq) \rightarrow Fe^{3+}(aq) + e^-$
환원 반쪽반응 : $MnO_4^- + 8H^+ + 5e^- \rightarrow Mn^{2+} + 4H_2O$
전체 반응 : $MnO_4^- + 5Fe^{2+} + 8H^+ \rightarrow Mn^{2+} + 5Fe^{3+} + 4H_2O$

과망간산 이온(MnO_4^-)이 분홍색을 띠므로 종말점에 도달하면 분홍색이 사라진다.

일반화학 교과서에서는 노르말(normal) 농도를 소개하고 있지 않지만 분석화학에서는 노르말 농도를 많이 사용한다. 위 반응식에서 보듯이 $KMnO_4$ 1 mol이 전자 5 mol을 받아들이므로 1.0M $KMnO_4$ 용액은 5.0N이다.

III 주의 및 참고사항

1. $KMnO_4$ 용액은 햇빛을 받으면 분해되기 때문에 갈색 시약병에 보관하는 것이 좋다.

IV 실험기구 및 시약

0.02M $KMnO_4$ 용액, 0.1N 옥살산 나트륨, H_2SO_4 (1:8), 미지농도의 H_2O_2, 핫플레이트, 저울, 스탠드, 뷰렛, 깔때기, 100 mL 비커, 50 mL 비커, 25 mL 메스실린 더, 100 mL 삼각 플라스크, 물중탕용기, 온도계

V 실험방법

실험 1. 0.1N $KMnO_4$ 용액의 표준화

1. 0.1N 옥살산 나트륨 용액 5 mL를 취하여 100 mL 삼각 플라스크에 넣고, 15 mL 증류수를 가하여 희석시킨 후, H_2SO_4 (1:8) 10 mL를 가한다.
2. 위의 삼각 플라스크에 마그네틱 바를 넣고 65~75°C 온도에서 물중탕하면서 과망간산 칼륨 용액으로 적정한다. 적정 용액의 마지막 한 방울에 의하여 희미한 분홍색이 약 30초 동안 지속되는 점을 종말점으로 잡는다.
3. 위의 실험을 두 번 더 반복해서 평균값을 구하고 이 값으로부터 $KMnO_4$ 용액의 농도를 계산한다.

memo

실험 2. 과산화수소 수용액의 정량

1. 미지농도의 과산화수소 1 mL를 취하여 100 mL 삼각 플라스크에 넣고 증류수를 가해서 20 mL로 희석시킨 후 황산 (1:8) 15 mL를 가한다.
2. 위의 용액을 상온에서 $KMnO_4$ 표준용액으로 적정한다. 마지막 한 방울에 의하여 희미한 분홍색이 없어지지 않고 30초 이상 지속되는 점이 종말점이다.
3. 위의 실험을 두 번 더 반복해서 평균값을 구하고 이 값으로부터 과산화수소의 농도를 계산한다.

실험 ▶ 12

예비보고서

memo

실험일자 ....

memo

memo

memo

memo

실험일자 ....

memo

실험 1. 0.1N $KMnO_4$ 용액의 표준화

1. 옥살산 나트륨의 무게

______________________ g

2. 소비된 과망간산 칼륨 용액의 부피

1회 ______________________ mL

2회 ______________________ mL

3회 ______________________ mL

평균 ______________________ mL

3. 과망간산 칼륨 용액의 몰농도

______________________ M

실험 2. 과산화수소 수용액의 정량

4. 미지농도의 과산화수소의 비중

______________________ g/mL

5. 과산화수소 용액의 부피

______________________ mL

memo

6. 과산화수소 용액의 무게

______________________ g

7. 소비된 과망간산 칼륨 표준 용액의 부피

1회 ______________________ mL

2회 ______________________ mL

3회 ______________________ mL

평균 ______________________ mL

8. 과산화수소의 농도(%)

______________________ %

9. 옥살산 나트륨으로 과망간산 칼륨 용액의 농도를 결정할 때 처음으로 탈색되는데 시간이 걸리지만 일단 반응이 시작되면 원활하게 탈색이 진행되는 이유는 무엇인가?

10. 옥살산 나트륨을 적정할 때 온도를 65°C~75°C 정도로 유지하는 이유는 무엇인가?

11. 과망간산 칼륨 적정에서 염산이나 질산을 사용하지 않고 황산 용액을 사용하는 이유는 무엇인가?

12. 적정하기 전에 시료 용액을 묽혀서 적정하는 이유는 무엇인가?

memo

생각해보기

memo

분광 분석–용액의 농도 결정

실험 ▸ 13

LABORATORY EXPERIMENTS FOR GENERAL CHEMISTRY

memo

I 실험 목표

분광분석의 기본 원리를 터득하고, Beer-Lambert 법칙을 공부한다. 이를 바탕으로 흡광도를 측정하여 물질의 농도를 측정하는 방법을 알아본다. 동시에 현대 분석에서 매우 중요한 각종 분광분석기기의 동작 원리를 이해한다.

II 실험 이론

시료에 포함된 물질의 종류와 그 양을 알아내는 과정을 화학분석(chemical analysis)이라고 부른다. 화학분석은 크게 정성분석과 정량분석으로 나눈다. 정성분석(qualitative analysis)은 시료 중에 측정 성분이 포함되어 있는지 아닌지를 판단하는 분석이며, 정량분석(quantitative analysis)은 시료 중에 포함되어 있는 특정 성분의 양(혹은 농도)을 측정하는 분석이다. 시료의 종류와 특정 성분에 따라 무한히 많은 정성 및 정량 분석법이 개발되어 활용되고 있다. 이 실험에서는 정량분석의 한 가지인 분광분석을 공부하게 된다.

분광분석(spectrophotometric analysis)은 특정 성분이 흡수하는 빛의 세기를 측정하여 특정 성분의 농도(양)를 측정하는 분석 방법이다. Beer-Lambert의 법칙(혹은 간단히 Beer의 법칙)에 의하면 시료가 특정 파장의 빛을 흡수하는 정도는 시료의 농도와 시료를 통과하는 빛의 경로의 길이에 비례한다. 즉, 그림 13-1과 같이 길이가 b cm이고 몰농도가 c인 시료에 입사된 세기 I_0의 빛이 시료를 통과한 후의 세기가 I라 하자.

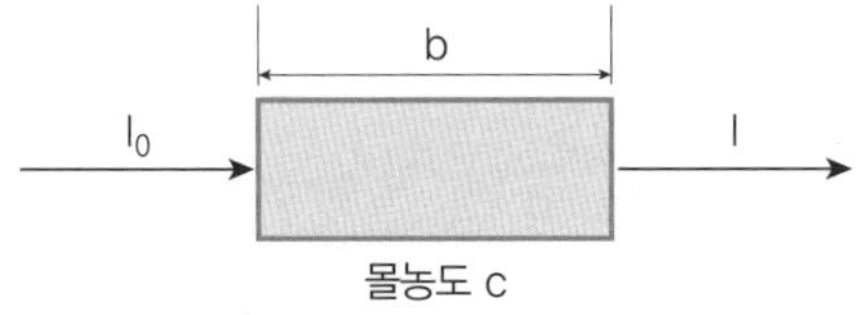

그림 13-1 Beer의 법칙

이때 이 시료의 투광도(transmittance) $T = \frac{I}{I_0} \times 100\%$로 정의하고,

흡광도(absorbance) $A = -\log T$로 정의한다.

memo

Beer-Lambert의 법칙에 의하면,

$$A = \varepsilon bc\text{(Beer의 법칙)}$$

로 주어진다. 이 식에서 A는 흡광도(absorbance), ε는 몰흡광계수(molar absorption coefficient)(단위는 $cm^{-1}M^{-1}$), b는 cm 단위로 표시한 시료의 길이, c는 시료의 몰농도이다. 각 물질마다 파장에 따라 고유한 몰흡광계수 ε 값을 갖는다. 따라서 몰흡광계수를 알고 있는 시료의 흡광도를 측정하면 시료의 농도를 구할 수 있다.

시료의 흡광도는 분광광도계를 사용하여 측정한다. 분광광도계의 구조는 3장 흡수 스펙트럼 – 분광광도법에서 소개하였다. 이 실험에서는 3장에서 사용한 Optizen 사의 1412 V 분광광도계를 사용한다. 그림 13-2는 이 실험에서 사용할 분광광도계이다.

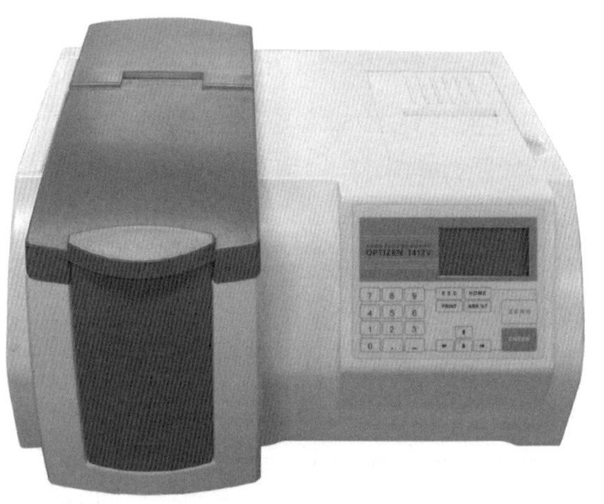

그림 13-2 분광광도계

분광분석은 시료에 따라 다양한 파장의 전자기파(빛)를 흡수하므로 시료에 따라 다양한 파장의 빛을 사용할 수 있다. 그러나 실제로 정량분석에는 주로 가시광선-자외선 영역을 주로 사용하고, 드물게 적외선 파장 영역을 이용하기도 한다. 이 실험에서는 가시광선 영역(400 nm~800 nm)을 이용하여 농도를 측정한다.

이 실험에서는 황산구리($CuSO_4$) 수용액의 농도를 측정해 본다. 분광분석법을 이용하여 정량분석을 하는 경우에는 먼저 보정곡선(calibration curve)를 얻어야 한다. 보정곡선은 농도를 알고 있는 용액의 흡광도를 측정하여 몰농도에 따른 흡광도를 그래프로 그린 것을 말하며, 이 보정곡선을 얼마나 정확히 얻느냐에 따라 분석 결과의 정확도가 결정된다. 이 실험에서 학생들은 농도를 아는 황산구리 용액을 사용하여 보정곡선을 얻고, 이 보정곡선을 이용하여 미지 농도의 황산구리 용액의 농도를 결정하게 된다. 이 실험을 통하여 학생들은 정량분석의 기본적인 원리와 방법을 터득하게 된다.

memo

III 주의 및 참고사항

1. 사용되는 cell은 일회용이므로 사용 후 반드시 세척하여 쓰레기통에 버린다.
2. 분광광도계가 시약에 의해 더러워지지 않도록 cell은 반드시 뚜껑을 닫아 넣는다.

IV 실험기구 및 시약

0.40M $CuSO_4 \cdot 5H_2O$, 미지시료, 분광광도계, 일회용 사각 cell(1 cm), 100 mL 비커, 튜브, 피펫

V 실험방법

1. 0.40M $CuSO_4 \cdot 5H_2O$ 용액 30 mL를 100 mL 비커에 넣는다. 또 다른 비커에는 증류수 30 mL를 넣는다.
2. 5개의 15 mL 튜브에 1~5까지의 번호를 적는다. 아래의 표를 참고하여 각 튜브에 0.40M $CuSO_4 \cdot 5H_2O$와 증류수의 혼합용액을 만든다.

	0.40M $CuSO_4 \cdot 5H_2O$(mL)	증류수(mL)	농도(M)
1	2	8	0.08
2	4	6	0.16
3	6	4	0.24
4	8	2	0.32
5	10	0	0.40

3. 각 농도의 용액을 사각 cell의 2/3까지 채운 후 흡광도를 측정한다.
4. A(흡광도) vs. C(농도)를 그래프에 도시한 후 기울기를 구하여 몰흡광계수(e)를 결정한다.
5. 미지시료의 흡광도를 측정하여 농도를 구한다.

실험 ▸ 13 예비보고서

memo

실험일자 ....

memo

memo

memo

memo

실험일자 ....

memo

실험 1. 데이터와 계산들

시료	농도(M)	흡광도
Sample 1	0.08	
Sample 2	0.16	
Sample 3	0.24	
Sample 4	0.32	
Sample 5	0.40	

1. 위 데이터를 바탕으로 그래프를 그려보시오.

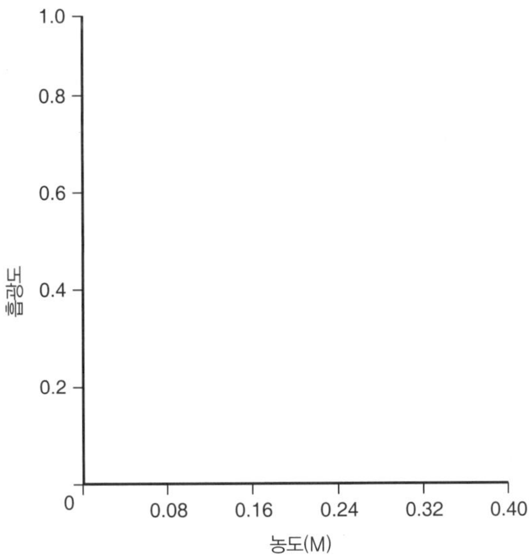

memo

2. 미지시료의 농도를 구하시오.

memo

생각해보기

memo

아스피린 합성

실험 ▸ 14

memo

I 실험 목표

간단하면서도 유용한 화합물인 아스피린을 합성해 봄으로써 합성의 기본적인 원리와 방법을 살펴본다. 아울러 새로운 물질을 창조해내는 화학이 얼마나 유용하고 실용적인 학문인지를 체득한다.

II 실험 이론

화학은 물질의 성질과 물질의 변화를 연구하는 과학이다. 화학에서는 화학반응을 통하여 새로운 물질을 만들어내고, 새로 만든 물질의 여러 가지 성질을 조사한다. 새로운 물질을 만들어내는 과정을 합성(syntheses)이라고 부른다. 화학은 합성을 통하여 최신 의약품, 첨단 재료, 반도체, 각종 섬유 등을 만들어 인류 복지에 기여한다. 이 실험에서는 유기 합성을 통하여 해열진통제로 오랫동안 사용해온 아스피린을 합성해 봄으로써 합성의 과정을 이해하고 그 유용성을 깨닫고자 한다.

아스피린(Aspirin)은 현재 전 세계인이 하루 수억 알씩 복용하는 약이다. 아스피린은 Bayer사가 개발한 의약품으로 알약 하나당 아세틸살리실산 0.3 g이 들어 있다. 아세틸살리실산은 살리실산과 무수 아세트산의 에스터화 반응으로 만든다. 에스터화 반응은 카복실산이 알코올과 반응하여 에스터를 생성하는 반응으로 산촉매 반응이고 가역과정이다. 일반적인 화학 반응식은 다음과 같다.

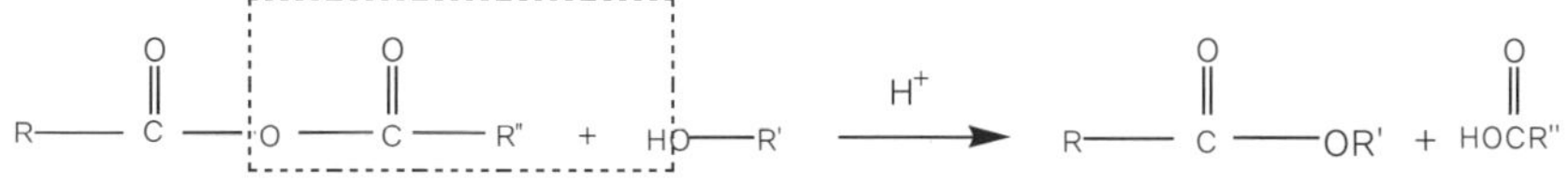

그림 14-1 에스터화 반응

에스터화 반응은 두 분자가 결합하여 한 개의 큰 분자를 형성하면서 작은 분자인 물(H_2O)을 제거하는 축합반응의 한 가지이며, H_2O의 O가 알코올에서 나온 것이 아니고 카복실기에서 나온 것이므로 산-염기 중화반응은 아니다. 에스터(ester)는 자연에서 꽃, 식물, 과일의 냄새와 맛을 내는 물질 중 하나이다. 또한 페인트, 광택제, 액체 아교 등을 만드는 용매로 쓰이기도 한다.

아스피린(아세틸살리실산)을 합성하는 반응은 다음과 같다.

memo

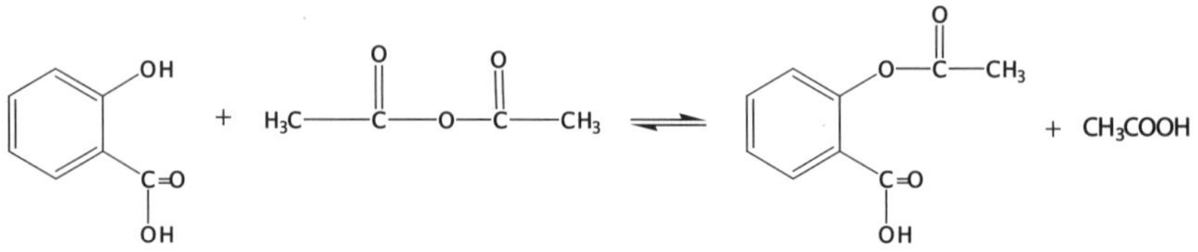

그림 14-2 아스피린 합성반응

앞에서 기술한 대로 에스터화 반응은 가역과정이므로 수득률을 높이기 위해서는 Le Châtelier의 원리를 활용하여 에스터 쪽으로 평형을 이동시켜야 한다. 이를 위해 다음 두 가지 방법 중 하나를 이용할 수 있다.

1) 한 가지 반응물 과량 사용
2) 반응물로부터 한 생성물 제거

합성 과정에서 무수 아세트산 대신 아세트산을 쓸 경우에는 아스피린의 가수분해 반응이 일어나 수득률이 떨어진다(∵가역반응).

주의

실험에서 합성한 아세틸살리실산은 반응하지 않고 남은 살리실산과 합성과정에서 생성된 아세트산 등이 들어 있을 수 있기 때문에 정제 과정 없이 바로 약으로 사용할 수 없다.

III 주의 및 참고사항

1. 아세트산 무수물은 식초 냄새가 나고, 과량의 아세트산 무수물에 물을 가하여 분해시키면 뜨거운 증기가 발생하므로 조심해야 한다.
2. 이 실험에서 합성한 아스피린은 순수하지 않으므로 절대 복용하지 말아야 한다.

IV 실험기구 및 시약

살리실산, 아세트산 무수물, 85% 인산, 핫플레이트, 저울, 오븐, 녹는점 측정기, 스탠드, 감압기, 뷰흐너 깔때기, 감압 플라스크, 50 mL 비커, 50 mL 삼각 플라스크, 25 mL 메스실린더, 온도계, 핀셋, 파스츄어 피펫

memo

V 실험방법

1. 50 mL 삼각 플라스크에 살리실산 1 g을 넣고, 아세트산 무수물 1.5 mL와 85% 인산 3~4방울을 첨가한다.
2. 물중탕의 온도를 70~85°C로 유지하면서 10분간 가열하여 반응을 완결시킨다.
3. 증류수 1 mL를 위의 용액에 넣어 반응하지 않고 남아 있는 아세트산 무수물을 분해시킨다. 아세트산 무수물이 분해되는 동안에 아세트산 증기가 발생하므로 실험실의 환기가 잘 되도록 한다.
4. 아세트산의 증기가 더 이상 발생하지 않으면 플라스크를 물중탕에서 꺼내 증류수 10 mL를 가하고, 실온까지 냉각시킨다.
5. 용액이 냉각됨에 따라 아스피린의 결정이 생기게 되는데, 결정이 생기지 않는 경우에는 플라스크를 얼음물로 냉각시킨다.
6. 결정이 생기면 감압여과기로 걸러서 5 mL의 증류수로 씻고, 거름종이에 옮겨 충분히 건조시킨다.
7. 결정이 완전히 마른 후 무게를 측정하고 수득률을 계산한다.
8. 녹는점 측정장치로 아스피린의 녹는점을 측정한다.

실험 ▶ 14

예비보고서

memo

실험일자 ....

memo

memo

memo

memo

memo

실험일자 ....

1. 사용한 살리실산의 무게

_______________ g

2. 사용한 살리실산의 몰수

_______________ mol

3. 사용한 아세트산 무수물의 부피

_______________ mL

4. 사용한 아세트산 무수물의 무게(밀도 = 1.08g/mL)

_______________ g

5. 얻은 아스피린의 무게

_______________ g

6. 아스피린의 이론적 수득량

_______________ g

7. 수득률(%)

_______________ %

memo

8. 얻은 아스피린의 녹는점

______________ °C

9. 아스피린의 녹는점 (문헌값)

______________ °C

10. 살리실산 1.4g과 아세트산 무수물 3.1g을 사용하였다면 몇 g의 아스피린을 얻을 수 있겠는가?

11. 아스피린을 가수분해하면 살리실산과 아세트산이 된다. 반응식을 써보아라.

12. 아세트산 무수물과 무수아세트산의 차이점을 설명하여라.

memo

생각해보기

memo

증기압과 증발엔탈피

실험 ▸ 15

LABORATORY EXPERIMENTS FOR GENERAL CHEMISTRY

memo

I 실험 목표

증기압의 과학적 의미를 공부하고, 분자간 인력, 증발엔탈피 및 증기압의 연관성을 알아본다. 여러 온도에서 증기압을 측정하고 이 자료를 Clausius-Clapeyron 식을 이용하여 해석하여 증발엔탈피를 구해본다.

II 실험 이론

액체의 표면에서는 항상 분자들이 기체상으로 나가는 증발 현상이 일어난다. 일정한 온도의 밀폐된 용기에 액체를 넣으면 액체의 표면에서 증발이 일어나 기체상에 액체의 증기의 압력(부분 압력)이 증가한다. 기체상의 증기의 압력이 증가함에 따라 증기 분자가 액체 표면에 충돌하여 액체로 되돌아가는 응축 속도도 증가한다. 따라서 증기상의 압력의 증가가 둔화되게 된다. 그러다가 증발 속도와 응축 속도가 같아지면 기체상 증기의 압력이 더 이상 변하지 않고 일정하게 유지된다. 이 상태를 포화상태라고 한다. 기체상이 액체의 증기로 포화되었을 때 기체상 증기가 나타내는 압력을 증기압(vapor pressure)이라고 부른다. 증기압은 분자간 인력과 직결되어 있으며 일정한 온도에서 분자간 인력이 강할수록 증기압은 낮아진다. 분자간에 강한 수소결합을 갖는 물은 분자 크기가 유사한 다른 물질보다 훨씬 낮은 증기압을 갖는다.

액체가 기체(증기)로 되려면 분자간에 작용하는 인력을 극복하여야 하므로 액체가 증발하여 기체가 되는 과정에는 분자들이 에너지를 얻어야 한다. 따라서 증발과정은 흡열과정이다. 즉, 엔탈피 변화가 (+) 부호를 갖는다. 일정한 온도에서 어떤 물질 1몰이 증발하여 기체가 되는 과정의 엔탈피 변화를 증발엔탈피라고 부른다. 증발엔탈피는 분자간 인력에 따라 크게 달라지며, 같은 물질이라도 온도가 달라지면 그 값이 약간 변한다. 예를 들어 100°C에서 물의 $\Delta H_{vap} = 40.7$ kJ · mol^{-1}이지만 25°C에서는 $\Delta H_{vap} = 44.0$ kJ · mol^{-1} 이다. 즉, 25°C의 일정 압력에서 18.02 g의 물을 증발시킬 때 44.0 kJ의 에너지를 열로 공급해야 한다.

여러 온도에서의 증기압을 알면 Clausius-Clapeyron 식을 이용하여 증발엔탈피를 구할 수 있다. Clausius-Clapeyron 식은 다음과 같은데,

$$\text{In}P = \frac{\Delta H_{vap}}{R}\frac{1}{T} + \text{상수} \qquad (\text{식 } 15\text{-}1)$$

memo

여기서 P는 온도 T에서 그 물질의 증기압을 나타낸다. 따라서 여러 온도에서 증기압을 측정한 후 $\ln P$ 대 $\frac{1}{T}$의 관계를 도시하면 그림 15-1과 같이 직선이 되며, 그 기울기가 $-\frac{\Delta H_{vap}}{R}$이므로 증발엔탈피 값을 구할 수 있다.

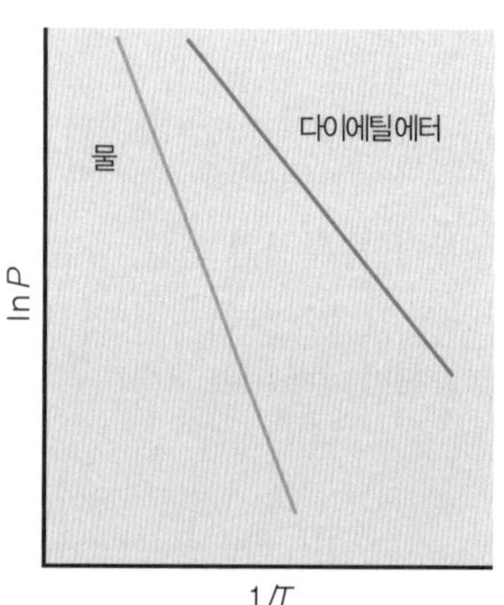

그림 15-1 증기압과 온도 사이의 선형관계

보다 단순한 실험에서는 두 온도에서 증기압을 측정하여 증발엔탈피를 구할 수도 있다. 즉, 온도 T_1, T_2에서 증기압을 측정하여 P_1, P_2라 하면 두 값을 (식 15-1)에 대입하여 두 식을 빼면 다음 식이 얻어진다.

$$\ln \frac{P_2}{P_1} = -\frac{\Delta H_{vap}}{R}\left(\frac{1}{T_2} - \frac{1}{T_1}\right) \qquad \text{(식 15-2)}$$

여기서 P_1, P_2는 각각 온도 T_1, T_2에서 그 물질의 증기압을 나타낸다. 두 온도와 그 온도에서의 증기압을 대입하면 증발엔탈피 값을 구할 수 있다. 그러나 (식 15-2)를 이용하여 증발엔탈피를 구하는 경우는 거의 없고, 대부분 이미 증발엔탈피와 한 온도에서의 증기압을 알고 있는 경우에 다른 온도에서의 증기압을 예측하거나 끓는점(증기압이 1 기압인 온도)을 예측하는데 사용한다.

III 주의 및 참고사항

1. 주사기를 가스압력센서에 연결시킬 때 연결입구가 손상되지 않도록 주의한다.
2. 압력에 관계된 실험으로 가스압력센서와 플라스크의 호스 연결부분, 플라스크와 플라스크 마개 부근에서 기체가 새어 나가는 곳이 없는지 꼼꼼히 확인한다.
3. 핫플레이트 가열 시 둥근 플라스크에 연결된 호스와 온도센서의 전선이 핫플레이트에 닿지 않도록 주의한다.

memo

IV 실험기구 및 시약

에탄올, 컴퓨터, Logger Pro, 컴퓨터 인터페이스, 핫플레이트, 가스압력센서, 20 mL 가스주사기, 온도센서, 1 L 비커, 250 mL 둥근 플라스크, 얼음, 물

V 실험방법

1. 보안경을 착용한다.

주의

이 실험에서 사용되는 알코올은 화염성이 있고 독성이 강하니 연기를 들이마시거나 피부와 옷에 닿지 않도록 주의한다.

2. 데이터 수집을 위해 온도센서와 가스압력센서를 준비한다.

a. 가스압력센서를 컴퓨터 인터페이스 CH1에, 온도센서는 CH2에 연결한다.

b. 실험을 위해서 고무마개의 한쪽에는 two-way 밸브를, 다른 쪽에는 튜브를 연결하고 튜브의 끝에 가스센서를 연결한다. 이 때 two-way 밸브를 열린 상태로 유지한다.

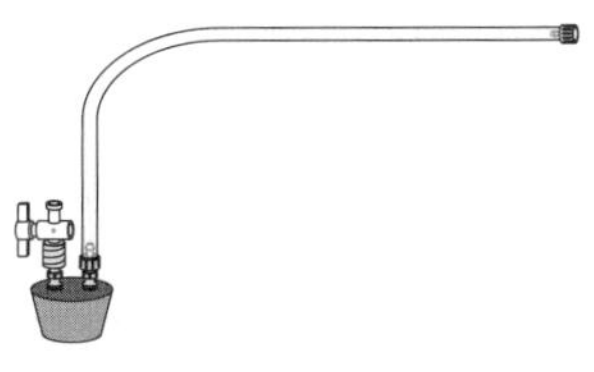

그림 15-2 고무마개에 two-way 밸브와 튜브 연결

c. 고무마개로 250 mL 둥근 플라스크 입구를 막는다. 기체가 새어 나가는 곳이 없도록 고무마개를 플라스크에 꽉 맞춰 회전시켜 막는다.

3. 데이터 수집을 위해서 Logger Pro의 Chemistry with Computers 폴더에 있는 "10.Vapor pressure" 파일을 연다.

4. 온도와 압력 데이터가 프로그램에 나타난다. 스토버 위의 two-way 밸브는 아직 열려 있으며 대기압을 확인한다.

5. 얼음-물 중탕을 준비한다. 찬 수돗물 700 mL를 1 L 비커에 넣고 얼음을 첨가한다(이때의 온도는 2°C 정도).

a. 둥근 플라스크를 얼음-물 중탕에 넣는다. 플라스크가 잘 밀폐되었는지 확인한다.

b. 온도센서를 얼음-물 중탕에 넣는다.

memo

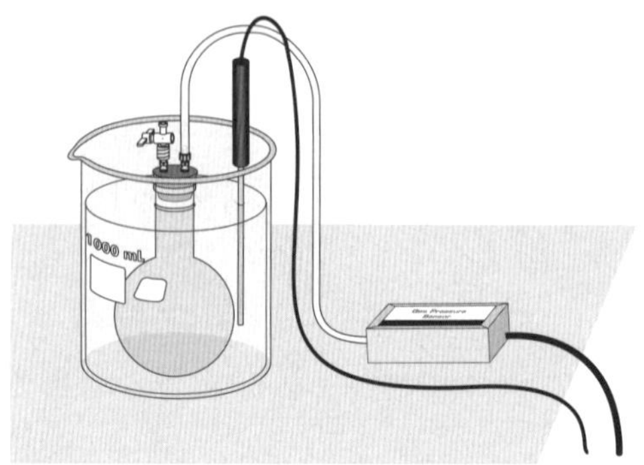

그림 15-3 증기압과 증발엔탈피 실험세팅

c. 위의 그림과 같이 최소한 플라스크의 목까지 담가야 한다.
d. 압력이 안정되면, 아래의 그림과 같이 two-way 밸브를 잠근다. 밸브핸들을 수직으로 돌리면 된다.

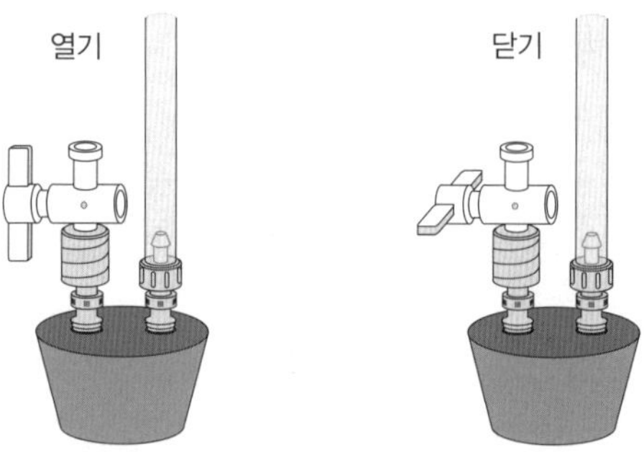

그림 15-4 two-way 밸브

6. 에탄올을 둥근 플라스크에 넣는다.
   a. 고무마개 위의 two-way 밸브를 연다.
   b. 주사기에 있는 에탄올을 플라스크 안으로 넣고 재빨리 주사기의 눈금 3 mL 표시까지 피스톤을 뒤로 당긴다. 그 다음 two-way 밸브를 닫는다.
   c. 주사기를 밸브에서 제거한다.

7. 온도와 압력 관련 데이터를 관찰한다.
   a. 데이터 수집을 위해서 Collect 버튼을 누른다.
   b. 데이터가 프로그램에 표시되고, 안정해지면 Keep 버튼을 클릭하여 데이터를 저장한다.

8. 비커에 있는 얼음물을 버리고 수돗물을 다시 넣어 위와 같은 세팅으로 핫플레이트를 사용해 가열한다. 가열하면서 10~15°C, 20~25°C, 30~35°C의 온도에서 압력 값이 안정화가 되면 Keep 버튼을 눌러 데이터 값을 저장한다.

9. 데이터 수집이 끝나면 Stop 버튼을 누르고 핫플레이트를 끈다. 압력센서를 플라스크에서 제거하고, 플라스크에 남아 있는 에탄올을 처리한다.

memo

※ 데이터를 이용한 그래프 그리기

1. X 축
   a. 온도의 단위를 °C에서 K로 바꾼다. 데이터 표 Temperature 위에 마우스 오른쪽 버튼을 눌러 "열 옵션"을 선택한다. 거기서 Lastest 1 Temperature를 선택해 온도 단위를 K로 바꾸어 준다.
   b. 데이터 메뉴에서 "새 계산된 열"을 선택한다.
   c. 이름으로 "1/Temperature"를 입력하고, 단위에는 "1/K"를 입력한다.
   d. 등식에는 1과 /를 입력한다.
   e. 변수열에서 "특정 열 선택"을 선택하여 "Temperature"를 선택한다.

2. Y 축
   a. 데이터 메뉴에서 "새 수동된 열"을 선택한다.
   b. 이름은 Air pressure라고 저장한다.
   c. 직접 공기압을 계산하여 값을 대입한다(식 : P1/T1 = P2/T2를 사용).
   d. 데이터 메뉴에서 "계산된 새 열"을 선택한다.
   e. 이름은 "ln Vapor Pressure", 단위는 필요없다.
   f. 함수에서 "ln"을 선택한다.
   g. 변수열에서 "특정 열 선택"을 선택하여 "Pressure"를 선택한다.
   h. 그리고 마이너스(−)를 입력하고 다시 변수열에서 "특정 열 선택"을 선택하여 "Air pressure"를 선택한다.

3. 그래프
   a. 그래프 X축을 클릭하여 1/Temperature, 그래프 Y축을 클릭하여 ln Vapor pressere를 선택한다.
   b. 도구 바에 있는 자동크기조절 버튼을 클릭하여 그래프 크기를 조절한다.
   c. 도구 버튼에서 곡선추세선 버튼을 클릭한다.
   d. "mx + b"를 선택하고 맞춤테스트를 클릭한다.
   e. 수치를 이용하여 에탄올의 ΔH_{vap}를 구한다.

실험 ▸ 15

예비보고서

memo

실험일자 ....

memo

memo

memo

memo

실험일자 ....

memo

대기압 ______________________ kP_a

물질	에탄올			
번호	1	2	3	4
온도(℃)	℃	℃	℃	℃
온도(K)	K	K	K	K
측정 압력	kP_a	kP_a	kP_a	kP_a
공기압	kP_a	kP_a	kP_a	kP_a
증기 압력	kP_a	kP_a	kP_a	kP_a

memo

생각해보기

memo

전기화학-금속의 이온화 경향과 전기화학전지

실험 ▸ 16

LABORATORY EXPERIMENTS FOR GENERAL CHEMISTRY

memo

I 실험 목표

전기화학의 기본인 산화-환원반응을 이해하고, 전기화학계열의 과학적 의미를 배운다. 이를 바탕으로 금속의 반응성 순서를 실험적으로 결정해 보고, 볼타(갈바니) 전지를 만들어 전지전위(기전력)를 측정하여 봄으로써 전기화학전지의 기본적인 원리를 체득한다.

II 실험 이론

오늘날 수많은 금속 재료들이 다양한 분야에 활용되고 있다. 특정 금속이 어디에 사용되느냐는 그 금속이 가지고 있는 특성에 의해 결정된다. 금속의 여러 특정 중 하나는 '얼마나 쉽게 산화되느냐'인데, 이것을 금속의 반응성이라고 부른다. 대기 중이나 일상적인 환경에서 쉽게 산화되는 금속은 건물, 교량, 운송 수단 등의 소재로 활용할 수 없다. 따라서 다양한 금속의 반응성(얼마나 쉽게 산화되는가)을 아는 것은 용도에 맞는 적절한 금속 재료를 선택하는 데 있어 필수적인 사항이다.

전기화학은 물질의 산화-환원 반응을 다룬다. 산화는 전자를 잃는 과정이며, 환원은 전자를 얻는 과정이다. 산화 과정에서 내어 놓은 전자를 환원 과정에서 소모해야 반응이 일어나므로 산화-환원 반응은 항상 함께 일어나게 된다. 화학반응 중에 주고받는 전자는 보이지 않으므로 산화되거나 환원되는 물질을 알아내기 위해서는 반응 전후의 산화수의 변화를 살펴보아야 한다. 산화수는 모든 화학결합을 100% 이온결합으로 가정하고 부여한 가상의(경우에 따라서는 실제) 전하를 말하며, 아래 규칙을 활용하면 쉽게 산화수를 알아낼 수 있다. 항상 상위 규칙이 우선적으로 적용된다.

산화수 규칙

1. 원소의 산화수는 0이다.
2. 한 화학종 내의 모든 원자의 산화수의 합은 그 화학종의 총전하와 같다.
3. 화합물을 이루고 있는 알칼리금속족 원소의 산화수는 항상 +1이며 알칼리토금속족 원소의 산화수는 항상 +2이다.
4. 화합물 중의 플루오르의 산화수는 항상 −1이다.
5. 비금속과 결합한 수소의 산화수는 +1이며 금속과 결합한 경우는 −1이다.

memo

(ex. LiH)

6. 산소의 산화수는 −2이다. 그러나 상위 규칙이 적용되는 경우에는 예외적으로 다른 값을 갖는다(ex. H_2O_2, OF_2, KO_2).
7. F를 제외한 할로겐 원소들의 산화수도 −1인데, 산소나 다른 할로겐 원소와 결합한 경우에는 상위 규칙이 적용되어 예외적으로 +값을 갖는다(ex. FCl, ICl).

다음 예를 이용하여 산화되는 화학종과 환원되는 화학종을 찾는 연습을 해보자.

$$CH_4(g) + O_2 \rightarrow CO_2(g) + 2H_2O(l)$$

화합물 중의 각 원자의 산화수 : CH_4의 C : −4 ; CH_4의 H : −1 ; O_2의 O : 0 ; CO_2의 C : +4 ; CO_2의 O : −2 ; H_2O의 H : +1 ; H_2O의 O : −2

위의 산화수로부터 CH_4의 C가 산화되었으며, O_2의 O 원자가 환원되었음을 알 수 있다. 상대 화학종을 산화시키는 물질을 산화제라고 부르며, 반대로 상대 화학종을 환원시키는 화학종을 환원제라고 부른다. 위 반응에서 CH_4는 환원제이며, O_2는 산화제로 작용하였다.

물질이 환원되려는 경향을 크기순으로 나열한 것을 전기화학계열이라고 한다. 표 16-1은 화학에서 많이 다루는 물질들의 전기화학계열이다. 표의 오른편 물질은 환원제이며 환원력은 아래로 내려갈수록 더 강하다. 반대로 왼편 물질은 산화제로, 위로 갈수록 더 강한 산화력을 나타낸다.

표 16-1 전기화학 계열

화학종	환원반쪽반응	$E°$,V
산화된 꼴은 산화력이 강함		
F_2/F^-	$F_2(g) + 2e^- \longrightarrow 2F^-(aq)$	+2.87
Au^+/Au	$Au^+(aq) + e^- \longrightarrow Au(s)$	
Ce^{4+}/Ce^{3+}	$Ce^{4+}(aq) + e^- \longrightarrow Ce^{3+}(aq)$	+1.61
$MnO_4^-, H^+/Mn^{2+}$	$MnO_4^-(aq) + 8H^+(aq) + 2e^- \longrightarrow Mn^{2+}(aq) + 4H_2O(l)$	+15.1
Cl_1/Cl^-	$Cl_2(g) + 2e^- \longrightarrow 2Cl^-(aq)$	+1.36
$Cr_2O_7^{2-}, H^+/Cr^{3+}$	$Cr_2O_7^{2-} + 14H^+(aq) + 6e^- \longrightarrow 2Cr^{3+}(aq) + 7H_2O(l)$	+1.33
$O_2, H_+/H_2O$	$O2(g) + 4H^+(aq) + 4e^- \longrightarrow 2H_2O(l)$	+1.23
		+0.82 at pH = 7
Br_2/Br^-	$Br_2(l) + 2e^- \longrightarrow 2Br^-(aq)$	+1.09
$NO_3^-, H^+/NO$	$NO_3^-(aq) + 4H^+(aq) + 3e^- \longrightarrow NO(g) + 2H_2O(l)$	+0.96
Ag^+/Ag	$Ag^+(aq) + e^- \longrightarrow Ag(s)$	+0.80
Fe^{3+}/Fe^{2+}	$Fe^{3+}(aq) + e^- \longrightarrow Fe^{2+}(aq)$	+0.77
I_2/I^-	$I_2(s) + 2e^- \longrightarrow 2I^-(aq)$	+0.54
O_2/OH^-	$O_2(g) + 2H_2O(aq) + 4e^- \longrightarrow 4OH^-(aq)$	+0.40
		+0.82 at pH = 7
Cu^{2+}/Cu	$Cu^{2+}(aq) + 2e^- \longrightarrow Cu(s)$	+0.34
$AgCl/Ag, Cl^-$	$AgCl(s) + e^- \longrightarrow Ag(s) + Cl^-(aq)$	+0.22
H^+/H_2	$2H^+(aq) + 2e^- \longrightarrow H_2(g)$	0, by definition
Fe^{3+}/Fe	$Fe^{3+}(aq) + 3e^- \longrightarrow Fe(s)$	+0.04
$O_2/HO_2^-, OH^-$	$O_2(g) + H_2O(l) + 2e^- \longrightarrow HO_2^-(aq) + 4OH^-(aq)$	−0.08
Pb^{2+}/Pb	$Pb^{2+}(aq) + 2e^- \longrightarrow Pb(s)$	−0.13
Sn^{2+}/Sn	$Sn^{2+}(aq) + 2e^- \longrightarrow Sn(s)$	−0.14
Fe^{2+}/Fe	$Fe^{2+}(aq) + 2e^- \longrightarrow Fe(s)$	−0.44
Zn^{2+}/Zn	$Zn^{2+}(aq) + 2e^- \longrightarrow Zn(s)$	−0.76
$H_2O/H_2, OH^-$	$2H_2O(s) + 2e^- \longrightarrow H_2(s) + 2OH^-(aq)$	−0.83
		−0.41 at pH = 7
Al^{3+}/Al	$Al^{3+}(aq) + 3e^- \longrightarrow Al(s)$	−1.66
Mg^{2+}/Mg	$Mg^{2+}(aq) + 2e^- \longrightarrow Mg(s)$	−2.36
Na^+/Na	$Na^+(aq) + 2e^- \longrightarrow Na(s)$	−2.71
K^+/K	$K^+(aq) + 2e^- \longrightarrow K(s)$	−2.93
Li^+/Li	$Li^+(aq) + 2e^- \longrightarrow Li(s)$	−3.05
환원된 꼴은 환원력이 강함		

memo

전기화학 계열에서 아래쪽에 있는 금속은 위쪽에 있는 금속에 비해 상대적으로 산화되려는 경향이 더 크다. 따라서 아래로 내려갈수록 공기나 물, 이산화황, 이산화탄소 등과 더 쉽게 반응한다. 그러나 전기화학계열에 있어 매우 불안정함에도 불구하고 공기 중에서 꽤 안정한 금속들이 있는데, 바로 알루미늄이다. 이것은 알루미늄의 표면에 치밀한 Al_2O_3의 피막이 형성되어 내부의 알루미늄이 반응하는 것을 막아주기 때문이며, 이 때문에 알루미늄은 반응성이 높은 금속임에도 불구하고 다양한 건축 재료로 활용된다. 전기화학계열에 의하면 알루미늄 조각은 당연히 아래와 같이 HCl이나 $CuSO_4$와 반응할 것으로 예상된다.

$$2Al + 6H_3O^+ \rightarrow 2Al^{3+} + 6H_2O + 3H_2\uparrow \text{ (수소기체 발생)}$$
$$2Al + 3Cu^{2+} \rightarrow 3Cu + 2Al^{3+} \text{ (알루미늄 표면에 구리 석출)}$$

그러나 알루미늄 조각의 표면은 이미 Al_2O_3의 형태로 되어 있기 때문에 실제 실험을 하면 수소기체도 발생되지 않고, 구리 석출도 없다(그렇기 때문에 안정하여, 우리 생활에 알루미늄이 많이 이용된다).

$$Al_2O_3 + 6HCl \rightarrow 2AlCl_3 + 3H_2O$$

그런데 만일, 공기 중에 노출되지 않아 산소와 반응하지 않는 상태의 순수한 알루미늄이라면(또는 오랫동안 HCl에 담가서 산화막이 제거된 상태라면), 위의 예측 결과처럼 수소기체도 발생하고, 구리 석출도 가능하다. 이 실험에서 학생들은 다양한 방법으로 여러 가지 금속의 상대적 반응성을 알아보고 위의 전기화학계열과 비교해 볼 것이다.

산화-환원 반응을 이용하면 전기화학전지를 만들 수 있다. 전기화학전지에는 볼타전지(또는 갈바니전지)와 전기분해전지(전해전지)가 있다. 볼타전지는 자발적으로 진행되는 화학반응에서 방출되는 에너지를 전기에너지(전류)로 바꾸는 장치로, 휴대폰의 전지와 각종 건전지가 여기에 속한다. 전기분해전지는 비자발적인 화학반응을 전기에너지(전류)를 사용하여 강제로 일어나게 하는 장치를 말하며, 각종 도금이나 구리의 정제, 알루미늄 환원 등에 이용된다. 전기화학전지는 산화반응이 일어나는 양극(anode)과 환원반응이 일어나는 음극(cathode), 전해질 용액으로 구성된다. 볼타(갈바니) 전지는 흔히 다음과 같은 표기법으로 나타낸다.

양극 | 전해질용액 ‖ 전해질 용액 | 음극

여기서 | 는 상이 다름을 나타내고 ‖ 은 염다리(salt bridge)를 나타내는데, 두 용액을 전기적으로 연결하는 역할을 한다. 한 예로 아연 전극과 구리 전극을 사용한 볼타전지를 나타내면 다음과 같다.

$$Zn(s) \mid Zn^{2+}(aq) \parallel Cu^{2+}(aq) \mid Cu(s)$$

볼타전지는 두 전극 간에 전위차를 나타내는데 이것을 기전력(electromotive force) 또는 전지전위(cell potential)라고 부른다(일반화학 교과서 21장 참조).

memo

모든 화학종이 표준 상태에 있을 때 볼타전지의 전지전위를 표준 전지전위라고 부른다. 표준 전지전위는 음극의 표준 환원전위에서 양극의 표준 환원전위를 빼서 구한다. 해당 양극과 음극의 표준 환원전위는 표 16-1의 전기화학계열에 주어져 있다. 예를 들어 구리와 아연 전극을 사용한 볼타전지에서 각 전극의 표준 환원전위는 다음과 같다.

$$Zn^{2+}(aq) + 2e^- \rightarrow Zn(s) \quad E° = -0.763\ V$$
$$Cu^{2+}(aq) + 2e^- \rightarrow Cu(s) \quad E° = +0.337\ V$$

따라서 표준 전지전위 $E° = 0.337\ V - (-0.763\ V) = 1.10\ V$이다.

$$\begin{array}{llr} (+)\text{극}: & Cu^{2+}(aq) + 2e^- \rightarrow Cu(s) & E° = +0.337\ V \\ -)\ (-)\text{극}: & Zn^{2+}(aq) + 2e^- \rightarrow Zn(s) & E° = -0.763\ V \\ \hline \end{array}$$

(전지 반응) $Cu^{2+}(aq) + Zn(s) \rightarrow$
$Cu(s) + Zn^{2+}(aq)$ $\quad E° = 0.337\ V - (-0.763\ V) = 1.10\ V$

(전기화학에 관한 더 자세한 내용은 일반화학 교과서 21장에 있으니 참고한다.)

III 주의 및 참고사항

1. 실험을 시작하기 전에 금속표면의 코팅 때문에 실험결과가 달라질 수 있으니 금속을 사포로 문질러준다.
2. 측정 전압 이론값
   아연 - 납 연결시 : $-0.126\ V - (-0.763\ V) = 0.637\ V$
   아연 - 구리 연결시 : $+0.337\ V - (-0.763\ V) = 1.10\ V$

IV 실험기구 및 시약

전기화학세트, 집게, 전선, 50 mL 비커, 50 mL 메스실린더, 사포, 구리판, 철판, 아연판, 알루미늄판, 은판, 납판, 염다리, 핀셋, 10% 염산용액, 0.1M 황산구리용액, 0.2M 황산구리용액, 0.1M 질산납용액, 0.1M 황산아연용액, 0.1M 질산칼륨용액

V 실험방법

실험 1. 여러 금속의 변화

measuring cell block에 50 mL 비커 4개를 준비한다. 1, 2, 3번 비커에 각각 10% 염산용액을 25 mL씩 넣는다. 4번 비커에는 0.1M 황산구리 용액을 25 mL를 넣는다.

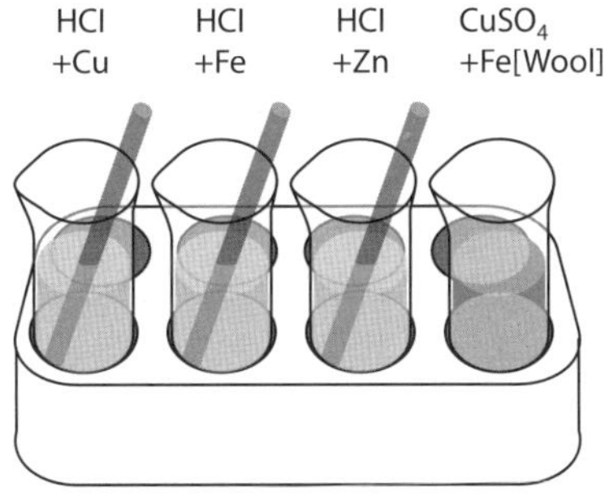

그림 16-1 여러 금속의 변화

각각의 비커에는 구리판 조각(1번), 철판 조각(2번), 아연판 조각(3번)을 그리고 4번 비커에는 약간의 철사다발(4번)을 넣고 변화를 관찰한다.

실험 2. 금속쌍들의 변화

악어클립을 이용해서 두 금속판 조각을 그림과 같이 잡는다.

아래쪽의 금속판끼리의 거리는 최소한 15~20 mm가 되어야 한다. 금속판의 쌍들은 구리와 아연, 구리와 철, 아연과 철 이렇게 세 가지를 준비한다.

measuring cell block에 3개의 50 mL 비커를 준비하고 1, 2, 3번 비커에 각각 10% 염산용액을 25 mL씩 넣는다. 준비한 금속판 쌍을 담그고 변화를 관찰한다.

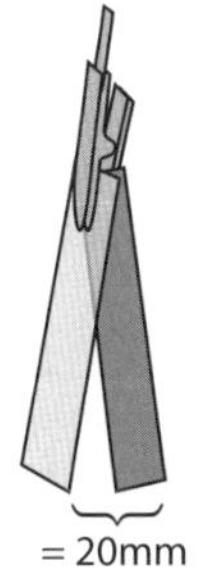

그림 16-2 금속쌍들의 변화

실험 3. 알루미늄의 변화

그림 16-3과 같이 measuring cell block에 3개의 50 mL 비커를 준비하고 1, 2, 3번 비커에 차례로 0.2M 황산구리 용액, 증류수, 10% 염산 용액을 20 mL씩 넣는다.

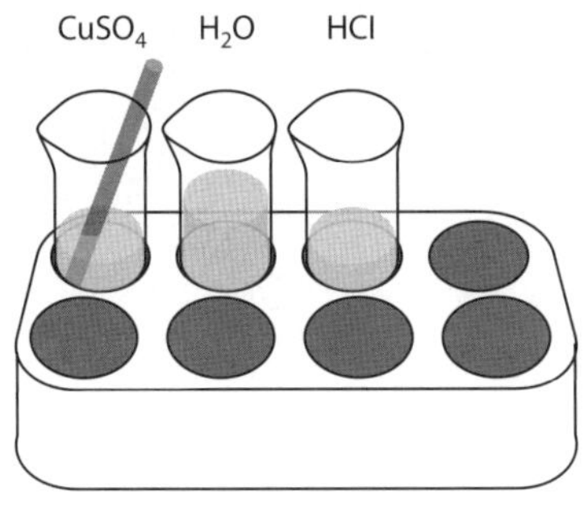

그림 16-3 알루미늄의 변화

memo

1. 철판 조각을 1번 황산구리 용액에 담근 후 꺼내어 변화를 관찰 기록한다.
2. 알루미늄판 조각을 1번 황산구리 용액에 담근다. 3~4분 동안 변화를 관찰 기록한다.
3. 알루미늄판을 꺼내어 2번 비커의 증류수에 충분히 헹구어 준 후, 3번 10% 염산 용액에 담근다. 10분 동안 변화를 관찰 기록한다.
4. 알루미늄판을 꺼내어 2번 비커의 증류수에 2~3회 헹군 다음, 즉시 1번 황산구리 용액에 3~4초간 담갔다가 꺼낸다. 실험과정 동안의 알루미늄판의 변화를 기록한다.

실험 4. 전기화학계열

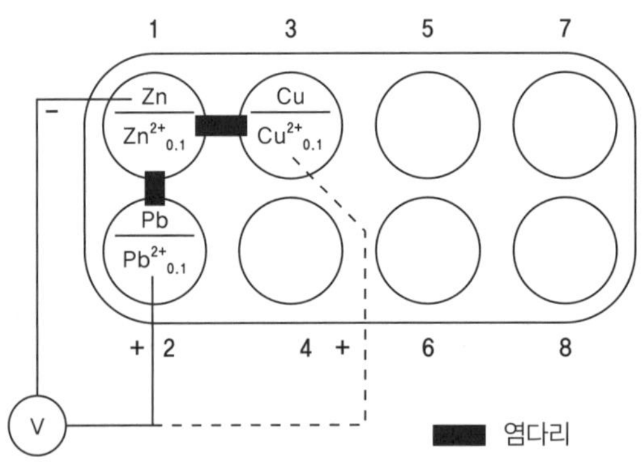

그림16-4 전기화학계열

measuring cell block에 각각 0.1M 황산아연 용액(1번 cell), 0.1M 질산납 용액(2번 cell), 0.1M 황산구리 용액(3번)을 10 mL 정도 넣는다.

주의

용액끼리 섞이지 않도록 한다.

준비된 거름종이 조각을 0.1M 질산칼륨 용액에 적신 후, 그림 16-4에서와 같이 ┌ 자 모양으로 담근다. cell 뚜껑을 닫고 준비한 금속판을 아연(1번), 납(2번), 구리(3번) 차례로 cell 뚜껑에 끼우고, 1번을 음극으로 하여 2번, 3번 cell을 차례로 양극으로 하여 전압을 측정한다.

예비보고서

실험 ▸ 16

실험일자

memo

memo

memo

memo

memo

실험 ▸ 16 결과보고서

memo

실험일자 ....

실험 1. 여러 금속의 변화

cell	1 (구리판/염산용액)	2 (철판/염산용액)	3 (아연판/염산용액)	4 (철사다발/ 황산구리수용액)
색변화				
관찰사항				

실험 2. 금속쌍들의 변화

금속쌍	구리와 아연	구리와 철	아연과 철
변화 및 관찰사항			

memo

실험 3. 알루미늄의 변화

실험과정	관 찰 내 용
① 철판조각 황산구리용액	
② 알루미늄판 황산구리용액 (3분)	
③ 알루미늄판 염산용액 (10분)	
④ 알루미늄판 황산구리용액 (3초)	

실험 4. 전기화학계열

양극 음극	cell 2번 (납 전극)	cell 3번 (구리 전극)
cell 1번 (아연전극) 측정전압(V)		

memo

생각해보기

memo

평형상수 결정

실험 ▸ 17

LABORATORY EXPERIMENTS FOR GENERAL CHEMISTRY

memo

I 실험 목표

평형상태의 과학적 의미를 이해하고, 실험적으로 평형상수를 결정하는 방법을 익힌다. 또한 온도가 일정하면 초기농도가 달라도 같은 평형상수 값을 가짐을 확인한다.

II 실험 이론

N_2O_4 기체를 플라스크에 넣고 온도를 200°C로 올리면 다음 반응과 같이 NO_2로 분해된다.

$$N_2O_4(g) \rightarrow 2NO_2(g)$$

처음엔 색깔이 없던 기체가 반응이 진행되면서 연한 갈색으로 되었다가 점점 색이 진해진다. 그러나 잠시 후 더 이상 색의 변화는 나타나지 않는다. 그 이유는 위 반응으로 NO_2가 생성되는 것과 같은 속도로 NO_2가 반응하여 N_2O_4로 되돌아가기 때문에 반응 용기 내의 NO_2의 양이 변화가 없기 때문이다(그림 17-1 참조).

$$N_2O_4(g) \rightleftharpoons 2NO_2(g)$$

이 상태에서는 정반응과 역반응이 같은 속도로 일어나 반응물과 생성물의 농도 변화가 없는 상태인데, 이 상태를 평형상태라고 부른다.

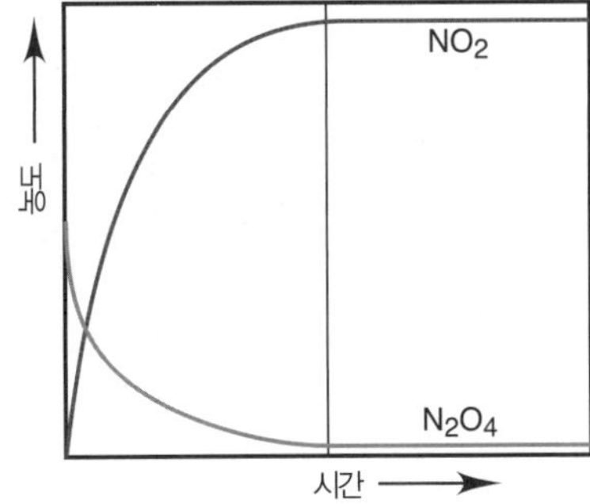

그림 17-1 N_2O_4–NO_2 반응의 평형

위 반응계가 평형상태에 있을 때 N_2O_4와 NO_2의 농도(또는 부분압력)의 특

memo

정한 비율은 일정한 온도에서 일정한 값을 갖는데 이를 평형상수라고 부르며 K로 나타낸다. 위 반응의 평형상수 K는 다음 식으로 나타낸다.

$$K = \frac{[No_2]^2}{[N_2O_4]} \qquad (식\ 17\text{-}1)$$

일반적인 화학반응 aA + bB $\rightleftharpoons$ cC + dD의 평형상수 K는 다음 식과 같이 주어진다.

$$K = \frac{[C]^c[D]^d}{[A]^a[B]^b} \qquad (식\ 17\text{-}2)$$

모든 화학반응은 최종적으로 평형상태에 도달한다.

평형상수가 평형상태의 반응물과 생성물의 농도를 연관지어주기 때문에 평형상수를 이용하면 반응식과 초기 조건이 주어진 경우 평형상태에서 존재하는 반응물과 생성물의 농도를 구할 수 있다(일반화학 교과서 관련 내용 참조). 한 예로 이 실험에서 이용할 다음 반응을 살펴보자.

$$Fe^{3+}(aq) + SCN^-(aq) \rightleftharpoons FeSCN^{2+}(aq) \qquad K = \frac{[FeSCN^{2+}]}{[Fe^{3+}][SCN^-]} \qquad (식\ 17\text{-}3)$$

반응 전의 $Fe^{3+}(aq)$와 $SCN^-(aq)$의 몰농도를 각각 a M, b M이라고 하고, 반응이 진행되어 평형상태에 도달하였을 때 생성된 $FeSCN^{2+}(aq)$의 몰농도를 x M이라고 하자. 그러면 반응 전과 평형상태에서 각 반응물과 생성물의 농도를 다음과 같이 나타낼 수 있다.

	$Fe^{3+}(aq)$ +	$SCN^-(aq)$ $\rightleftharpoons$	$FeSCN^{2+}(aq)$
반응 전:	a	b	0
평형상태:	$a-x$	$b-x$	x

평형상태에서의 반응물과 생성물의 농도를 (식 17-3)에 대입하면

$$K = \frac{[FeSCN^{2+}]}{[Fe^{3+}][SCN^-]} = \frac{x}{(a-x)(b-x)} \qquad (식\ 17\text{-}4)$$

이 되는데, 실험한 온도에서의 평형상수를 알고 있으면 (식 17-4)를 풀어 x의 값을 구할 수 있고, x의 값으로부터 평형상태에서 반응물과 생성물의 농도를 구할 수 있다. 위 반응은 Lewis의 산-염기 반응이므로 생성된 화학종은 착물(complex)이다. 착물이 생성되는 화학반응의 평형상수를 특별히 착물의 생성상수(K_f) 또는 안정도 상수라고 부른다.

이 실험에서는 생성물의 농도를 분광광도계를 이용한 흡광도법으로 측정한다.

Beer-Lambert 법칙에 의하면 화학종의 농도는 흡광도에 비례하므로 흡광도를 측정하면 특정 화학종의 농도를 구할 수 있다(5장 분광분석 이론 부분 참조). 측정된 농도로부터 (식 17-4)를 이용하여 평형상수를 구한다. 온도가 일정하면

memo

초기 농도가 달라도 평형상수는 일정하다. 이어지는 실험에서는 초기 농도를 달리하면서 평형상수를 측정하여 초기 농도가 달라도 평형상수가 일정함을 확인한다.

III 실험기구 및 시약

0.002M KSCN, 0.2M $Fe(NO_3)_3$, 분광광도계, 일회용 사각 cell(1 cm), 50 mL 비커, 50 mL 메스실린더, 유리막대, 피펫

V 실험방법

실험 1. $FeSCN^{2+}$ 표준용액의 제조(용액 1)

1. 50 mL 메스실린더에 0.002M KSCN 5 mL를 넣은 후 0.2M $Fe(NO_3)_3$ 5 mL를 넣는다.
2. 위의 용액에 증류수를 첨가하여 50 mL로 묽힌다.

실험 2. 여러 농도의 $Fe(NO_3)_3$ + KSCN 용액의 제조

1. 용액 2 : 50 mL 비커를 준비하고, 0.2M $Fe(NO_3)_3$ 10 mL를 메스실린더에 넣고 증류수로 25 mL까지 묽힌 후, 비커에 옮겨 담는다.
2. 용액 3 : 다시 50 mL 비커를 준비하고, 용액 2의 10 mL를 메스실린더에 넣고 증류수로 25 mL까지 묽힌 후, 비커에 옮겨 담는다.
3. 용액 4 : 다시 50 mL 비커를 준비하고, 용액 3의 10 mL를 메스실린더에 넣고 증류수로 25 mL까지 묽힌 후, 비커에 옮겨 담는다.
4. 용액 5 : 다시 50 mL 비커를 준비하고, 용액 4의 10 mL를 메스실린더에 넣고 증류수로 25 mL까지 묽힌 후, 비커에 옮겨 담는다.
5. 용액 2의 5 mL에 0.002M KSCN 5 mL를 첨가한 후 증류수를 더 첨가하여 50 mL로 묽힌다.
6. 용액 3, 4, 5도 위와 같은 방법으로 제조한다.

실험 3. $FeSCN^{2+}$ 표준용액의 흡광도 측정

1. 분광광도계의 파장을 450 nm에 맞춘다.

memo

2. 흡광도 0%와 투광도 100%를 조절한다. 투광도 100%는 증류수(baseline)를 셀에 담아 조절한다.

3. 분광광도계를 사용하여 실험 1에서 만든 용액 1(표준용액)과 실험 2에서 만든 용액 2, 3, 4, 5의 흡광도를 측정한다.

예비보고서

실험 ▸ 17

실험일자

memo

memo

memo

memo

memo

결과보고서

memo

실험일자 ....

1. 실험결과

시험관 번호	혼합용액의 초기 농도, M	
	Fe^{3+}	SCN^-
1		
2		
3		
4		
5		

2. 평형농도 및 평형상수

시험관 번호	$[FeSCN^{2+}]$	$[Fe^{3+}]$	$[SCN^-]$	K
1		–	–	–
2				
3				
4				
5				

memo

3. 색을 띤 화학종이 $FeSCN^{2+}$이 아니라 $Fe(SCN)_2^+$라고 가정하여 실험 결과를 검토해 보아라.

memo

생각해보기

memo

화학반응 속도–시계 반응

실험 ▸ 18

LABORATORY EXPERIMENTS FOR GENERAL CHEMISTRY

memo

I 실험 목표

화학반응의 속도를 나타내는 방법을 공부하고, 화학반응의 속도에 영향을 미치는 인자들을 살펴봄으로써 화학반응의 속도를 조절하는 원리와 방법을 알아본다.

II 실험 이론

물리의 역학에서 속도는 시간에 대한 위치의 변화율을 의미한다. 이와 유사하게 화학반응의 속도는 시간에 대한 농도의 변화율이다. 다만 화학반응에서는 진행하는 방향이 항상 반응물에서 생성물 방향이므로, 벡터량인 속도와 스칼라량인 속력을 구별하는 물리와 달리 그냥 반응속도라고 부른다. 일정 시간 동안의 농도 변화를 측정하여 농도 변화를 걸린 시간으로 나눈 양을 평균반응속도라고 부른다. 그러나 자동차를 운전할 때 움직이고 있는 순간의 속력에 유의하듯이 화학반응에서도 반응이 일어나고 있는 순간의 반응속도에 관심을 갖는데 이 반응속도를 순간반응속도라고 부른다. 화학에서는 특별한 언급이 없으면 순간반응속도를 말하는 것으로 간주한다.

반응속도는 반응물과 생성물의 농도, 온도, 촉매의 존재 유무에 따라 달라진다. 반응에 관여하는 물질들의 농도에 따른 반응속도의 변화는 속도법칙으로 나타낸다. 가상의 화학 반응 $A + B \rightarrow C + D$에서

$$\text{반응속도} = k[A]^m[B]^n$$

로 주어질 때, 이 식을 이 반응의 속도법칙, k를 반응속도상수, m과 n을 반응차수라고 부른다. m과 n을 더한 값을 이 반응의 총차수라고 한다. 반응차수가 0일 때 0차 반응이라고 하며, 반응속도는 이 물질의 농도와 무관하다. 반응차수가 1이면 1차 반응이라고 부르고, 반응속도는 농도에 비례한다. 반응차수가 2이면 2차 반응이라고 부르고, 반응속도는 농도의 제곱에 비례한다.

반응속도는 온도에 따라서도 달라진다. 대부분의 화학반응의 속도상수는 아레니우스(Arrehnius) 식을 따른다.

$$k = Ae^{-E_a/RT}$$

여기서 A는 지수 앞 인자, E_a는 활성화에너지, R은 기체상수, T는 절대온도이다. 따라서 대부분의 반응은 온도가 올라가면 반응속도가 증가한다. 보통 온도가

memo

10°C 올라가면 반응속도는 2 ~ 3배 증가한다.

반응 중에 자신은 소모되지 않으면서 반응속도를 증가시키는 물질을 촉매(catalyst)라고 부른다. 촉매는 원래의 반응경로보다 활성화에너지가 낮은 다른 반응경로를 제공한다.

화학반응에서 반응이 실제로 거치는 각 단계를 나열한 것을 반응 메커니즘(mechanism)이라고 한다. 실제 화학반응에 대하여 반응 메커니즘을 알아내는 것은 매우 어렵기 때문에 일반화학 수준에서는 자세히 다루지 않는다. 제시된 메커니즘이 두 단계 이상으로 이루어져 있고, 어느 한 단계가 매우 느려서 전체 반응의 속도가 이 단계의 속도에 의해 제한될 때, 이 단계를 속도결정(제한)단계(rate-determining step)라고 한다. 속도결정단계가 존재하는 경우, 전체 반응속도는 속도결정단계의 속도와 같다. 예를 들어 이 실험에서 이용할 반응의 메커니즘은 다음과 같으며,

$$3I^-(aq) + S_2O_8^{2-}(aq) \rightarrow I_3^-(aq) + 2SO_4^{2-}(aq) \qquad (1)\ \text{slow}$$
$$I_3^-(aq) + 2S_2O_3^{2-}(aq) \rightarrow 3I^-(aq) + S_4O_6^{2-}(aq) \qquad (2)\ \text{fast}$$

여기서 단계 (1)이 속도결정단계이다. 단계 (1)에서 생성된 I_3^-는 단계 (2)에서 빠르게 없어진다. 반응 용기 속에 들어 있던 $S_2O_3^{2-}$가 모두 소모되면 (1)에 의해 생성된 I_3^-는 I^-로 전환하지 못하고 반응 용기 중의 녹말과 착물을 이루어 진한 청색이 나타난다. 이 색깔이 나타나는 순간이 일정량의 $S_2O_3^{2-}$ 이온이 모두 반응하여 소모하는 데 필요한 시간을 알려주므로 이 반응을 시계반응(clock reaction)이라고 부른다.

III 주의 및 참고사항

1. 이 실험은 일정한 온도에서 진행되어야 한다.
2. $(NH_4)_2S_2O_8$ 용액은 오래 방치하면 분해되므로 사용 직전에 만드는 것이 가장 좋다.
3. 녹말지시약 조제법 : 2 g의 수용성 녹말을 5 mg의 $HgCl_2$(방부제)와 함께 물 1 L에 넣고 가열해서 녹말을 모두 녹인 후에 식혀서 사용한다.

IV 실험기구 및 시약

0.20M KI, 0.10M $(NH_4)_2S_2O_8$, 0.20M KCl, 0.10M $(NH_4)_2SO_4$, 0.005M $Na_2S_2O_3$, 녹말지시약, 교반기, 100 mL 삼각 플라스크, 50 mL 삼각 플라스크, 10 mL 피펫, 마그네틱 바, 초시계, 온도계

memo

V 실험방법

1. 50 mL 삼각 플라스크와 100 mL 삼각 플라스크에 아래의 표를 참고하여 용액을 정확하게 측정해서 넣는다.
2. 100 mL 삼각 플라스크에 온도계를 넣고, 초까지 읽을 수 있는 시계를 준비한다.
3. 100 mL 삼각 플라스크에 0.005M $Na_2S_2O_3$ 5 mL와 녹말용액 3~4 방울을 넣는다.
4. 50 mL 삼각 플라스크에 담긴 용액을 손실이 없도록 조심스럽고 재빠르게 100 mL 삼각 플라스크에 붓고, 스톱워치를 작동시키는 동시에 잘 흔들어 섞어준다.
5. 용액이 진한 청색으로 바뀔 때까지 걸리는 시간과 용액의 온도를 기록한다.

반응	100 mL 플라스크	50 mL 플라스크
1	10 mL 0.20M KI	10 mL 0.10M $(NH_4)_2S_2O_8$
2	5 mL 0.20M KI 5 mL 0.20M KCl	10 mL 0.10M $(NH_4)_2S_2O_8$
3	10 mL 0.20M KI	5 mL 0.10M $(NH_4)_2S_2O_8$ 5 mL 0.10M $(NH_4)_2SO_4$
4	7.5 mL 0.20M KI 2.5 mL 0.20M KCl	7.5 mL 0.10M $(NH_4)_2S_2O_8$ 2.5 mL 0.10M $(NH_4)_2SO_4$

표 18-1 반응 혼합물의 구성

실험 ▶ 18

예비보고서

LABORATORY EXPERIMENTS FOR GENERAL CHEMISTRY

memo

실험일자 ....

memo

memo

memo

memo

실험일자 ....

memo

1. 실험결과

반응 혼합물	변색까지 걸린 시간(t)	$[I^-]$	$[S_2O_8^{2-}]$	상대 반응 속도 (100/t)
1				
2				
3				
4				

2. 반응 혼합물의 온도

______________ °C

3. 반응 차수

m ______________

n ______________

4. 속도 상수(평균값)

k ______________

memo

생각해보기

memo

질산포타슘의 용해도

실험 ▶ 19

LABORATORY EXPERIMENTS FOR GENERAL CHEMISTRY

memo

I 실험 목표

비교적 용해도가 큰 질산포타슘(KNO_3)의 용해도가 온도에 따라서 어떻게 변화하는가를 살펴보고, 이를 이용해서 용해열(ΔH)을 구한 다음, 용해도의 차이를 이용해서 불순물이 혼합된 질산포타슘을 정제하는 방법을 알아본다.

II 실험 이론

어떤 용매에 고체 용질을 녹이면 어느 순간부터 더 이상 녹아들어가지 않는 상태에 도달한다. 이 상태는 용질이 녹아들어가는 속도와 녹아 있는 용질이 다시 고체로 석출되는 속도가 같은 상태로, 거시적으로 용질은 더 이상 용매에 녹아들어가지 않는다. 이 상태에 있는 용액을 포화되었다고 하고, 이 용액을 포화용액이라고 부른다. 포화용액보다 농도가 낮은 용액을 불포화용액이라고 하고, 농도가 더 높은 용액을 과포화용액이라고 부른다. 과포화용액은 준안정 상태에 있기 때문에 용액 속에 작은 결정을 넣거나 용액에 충격을 가하면 용질이 결정으로 석출되고 포화용액으로 된다.

포화 상태는 주어진 온도에서 일정량의 용매에 녹을 수 있는 최대량의 용질이 녹아 있는 상태로 이때의 용액(포화용액)의 농도를 용해도라고 부른다. 보통 용해도는 주어진 온도에서 용매 100 g에 녹을 수 있는 용질의 최대 질량으로 나타낸다.

많은 고체의 용해과정은 $\Delta G < 0$ 인 자발적 변화이다. 일반화학 교과서에 기술된 대로 $\Delta G = \Delta H - T\Delta S$ 이므로 변화의 자발성은 변화 과정의 ΔH(엔탈피 변화), ΔS(엔트로피 변화) 및 온도에 의해 결정된다. 용해과정의 엔트로피 변화 ΔS는 대부분 양의 값을 가지므로 용해과정의 $\Delta H < 0$인 물질은 대부분 잘 녹는다. 그러나 일부 물질은 $\Delta H > 0$임에도 불구하고 잘 녹는데, 용해과정의 ΔS가 큰 양의 값을 가지기 때문에 $\Delta G = \Delta H - T\Delta S < 0$이 되기 때문이다. $\Delta H > 0$인 변화를 흡열과정이라고 부르고 $\Delta H < 0$인 변화를 발열과정이라고 부른다. 이 실험에서 용질을 녹이면서 용액의 온도 변화를 측정하여 용해과정의 엔탈피 변화 ΔH를 구한다.

많은 고체의 용해도는 온도에 따라 달라진다. 그림 19-1에서 보듯이 질산포타슘은 온도가 증가하면 급격한 용해도 증가를 보인다. 온도에 따른 용해도 변화

memo

를 이용한 재결정법을 사용하여 물질을 정제할 수 있다. 용액의 온도를 높여 많은 용질이 용해되게 한 후 온도를 낮추면 용액은 과포화용액이 되므로 녹아 있던 용질이 결정으로 석출된다. 이 과정에서 용액 중의 다른 성분은 결정에 거의 들어가지 않으므로 매우 순수한 결정을 얻을 수 있다. 이 실험에서는 질산포타슘을 재결정법으로 정제하고 그 수득률을 측정한다.

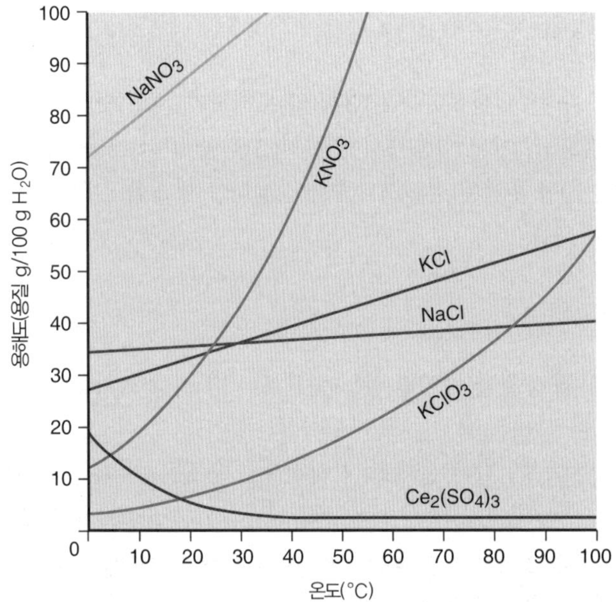

그림 19-1 온도에 따른 고체의 용해도 변화

III 주의 및 참고사항

1. 시험관을 가열할 때는 물중탕을 사용하는 것이 안전하다. 가열기로 직접 가열할 때는 용액이 끓지 않도록 하고, 시험관의 입구가 다른 사람을 향하지 않도록 한다.

IV 실험기구 및 시약

KNO_3, 75% 오염된 시료($Cu(NO_3)_2$ + KNO_3), 핫플레이트, 감압기, 뷰흐너 깔때기, 감압 플라스크, 큰 시험관, 500 mL 비커, 피펫, 온도계, 시계접시, 유리막대

memo

V 실험방법

1. 큰 시험관에 증류수 10 mL를 넣고 KNO_3 4 g을 정확하게 재서 함께 넣은 후에 고체가 완전히 녹을 때까지 서서히 가열한다. 물중탕을 하고, 용액이 끓지 않도록 조심해야 한다.

2. 온도계를 시험관에 넣고 조금씩 저어주면서 식힌다. 고체가 처음으로 나타나기 시작하는 온도를 기록한다.

3. KNO_3 8 g, 12 g으로 같은 실험을 반복한다.

4. 조교에게 ($Cu(NO_3)_2$)로 오염된 시료 10 g을 받는다.

5. 오염된 시료의 75%가 KNO_3라고 생각하고 75°C에서 시료를 완전히 녹이기 위해서 필요한 물의 양을 계산한다.

6. 100 mL 비커에 오염된 시료를 넣고, 위에서 계산한 양만큼의 증류수를 넣은 후에 시계접시로 비커를 덮고 서서히 가열해서 시료를 녹인다.

7. 흐르는 수돗물에 비커를 담가서 식힌 후에 침전을 거름종이로 거르고, 소량의 차가운 물로 침전을 씻는다. 씻을 때 사용하는 물의 양은 최소가 되도록 노력하고 침전의 색깔이 없어질 때까지 씻는 과정을 반복한다.

8. 침전을 말린 후에 무게를 잰다. 조교가 알려준 시료의 조성을 참고하여 회수율을 계산한다.

9. 증류수 10 mL를 넣은 시험관에 온도계를 꽂고 약 2 g의 KNO_3를 넣은 후에 온도변화를 관찰한다.

예비보고서

memo

실험일자

memo

memo

memo

memo

결과보고서

실험 ▸ 19

실험일자 ....

memo

1. 결정이 처음 나타나는 온도를 기록하고, 몰농도와 온도를 그래프로 그린다.

KNO_3의 양(g)	몰농도(M)	결정이 생기는 온도(℃)
4		
8		
12		

2. 오염된 시료의 무게

________________________ g

재결정으로 회수한 KNO_3의 무게

________________________ g

오염된 시료 중의 KNO_3의 퍼센트 농도

________________________ %

오염된 시료 중에 들어 있던 KNO_3의 무게

________________________ g

회수율

________________________ %

memo

3. KNO_3가 녹을 때의 온도 변화

4. 몰농도의 log 값과 1/T을 그래프로 그려서 ΔH를 계산하여라.

memo

생각해보기

memo

나일론의 합성

실험 ▸ 20

memo

I 실험 목표

간단한 고분자 물질을 직접 합성해 봄으로써 현대 사회에서 너무나 중요한 재료 중 하나인 고분자 물질 합성의 기본 원리와 방법을 이해한다.

II 실험 이론

우리 주위 어디에서나 고분자 물질들을 볼 수 있다. 전화기, 각종 용기, 의류, 가구 등이 대부분 고분자 물질로 만들어졌다. 이들 중 일부는 천연 고분자 제품이지만, 대부분은 천연 제품의 성질을 개선한 합성 고분자 제품들이다. 이 실험에서는 직물용 섬유로서 널리 사용된 첫 번째 합성 고분자인 나일론을 직접 합성해 본다.

나일론은 1935년 미국의 캐러더스(Wallace H. Carothers, 1896-1937)에 의해 발명된 합성섬유이다. 원래는 미국의 화학회사인 뒤퐁이 세계 최초로 합성섬유를 만들어 판매하면서 사용한 상품명이지만 현재는 섬유를 만드는 성질의 폴리아미드계 합성고분자를 일반적으로 나일론이라 칭한다.

그림 20-1 나일론의 발명자 캐러더스

하버드대 화학과의 전임강사였던 캐러더스는 뒤퐁의 기초연구 조직으로 자리를 옮겨 자신이 원하는 순수 연구를 진행하던 중 합성섬유를 발견했고, 이를 상업적 가치가 있는 제품으로 생산한 것이 나일론이었다. 나일론은 석탄, 물, 공기를 기본 재료로 하여 합성한 것으로 '거미줄보다 가늘고 강철처럼 강하다'는 광고와 함께 선풍적인 인기를 끌었다. 초기에는 여성용 스타킹에 많이 사용되었고 차츰 사용 범위를 넓혀 나갔다. 특히 당시 여성용 블라우스는 값비싼 비단을

memo

사용했는데 마침 나일론이 시판될 무렵 태평양전쟁이 발발하여 일본으로부터 비단 수입이 단절되자 나일론은 급속도로 여성용 고급의류 시장을 장악해갔다.

나일론은 생사와 흡사한 광택이 있지만 생사보다 훨씬 튼튼하며 혼방 및 혼직물로 많이 가공되고 있다. 또 어망, 로프 등 산업용으로도 널리 사용된다. 나일론의 개발은 인류의 의복은 물론 재료의 혁명을 가져왔던 것이다.

그림 20-2 나일론의 여러 가지 용도

나일론은 고분자 화합물의 일종이다. 고분자란 일반적으로 많은 수의 단위체들이 반복적으로 결합된 거대 분자로 보통 수백 개에서 수십만 개의 원자들이 공유결합으로 연결된 복잡한 구조를 가지고 있다. 그림 20-3은 단량체에서 고분자가 만들어지는 과정을 도식적으로 나타낸 것이다.

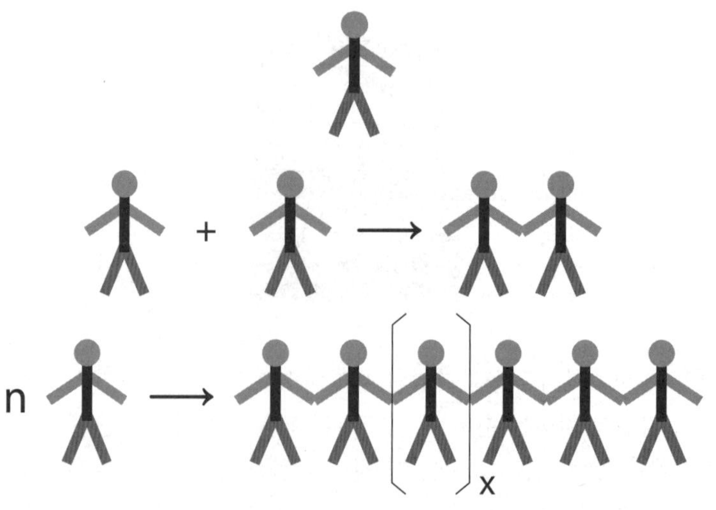

그림 20-3 단량체에서 고분자가 만들어지는 과정

고분자를 만드는 반응은 고분자의 종류에 따라 다양한데, 크게 첨가중합반응과 축합중합반응으로 나눌 수 있다.

memo

- **첨가중합반응** : 단위체들이 원자의 순 손실 없이 반응하여 새로운 사슬의 고분자를 형성하는 반응.

$$n\,H_2C=CH_2 \xrightarrow{\text{첨가반응}} \left[CH_2-CH_2 \right]_n$$

메틸렌 (단위체) → 폴리에틸렌 (고분자)

- **축합중합반응** : 두 단위체가 결합하면서 작은 분자(종종 물)가 떨어져 나오는 반응.

$$H_2N-CH(R_1)-CO-OH + H-NH-CH(R_2)-COOH \longrightarrow H_2N-CH(R_1)-C(=O)-NH-CH(R_2)-COOH + H_2O$$

나일론의 명명법

- 나일론 mn

  디카복실산 및 디아민이 반응하여 아미드기를 형성하는 경우

  m : 디아민에 포함된 탄소의 수

  n : 디카복실산에 포함된 탄소의 수

NaOH의 역할

계면중합 시 부산물로 HCl이 생성되는데 HCl은 디아민을 반응성이 없는 염화수소아민염으로 만들어 반응성을 크게 떨어뜨리게 된다. 이를 방지하기 위해서 NaOH를 첨가한다.

$$H_2N\text{-}(CH_2)_6\text{-}NH_2 + Cl-C(=O)\text{-}(CH_2)_4\text{-}C(=O)-Cl$$

Hexamethylene diamine　　Adipyl chloirde

$$\xrightarrow{NaOH} H\text{-}\left[NH\text{-}(CH_2)_6\text{-}NH-C(=O)\text{-}(CH_2)_4\text{-}C(=O)\right]_n\text{-}Cl$$

Nylon66

memo

III 주의 및 참고사항

1. 사용되는 시약들이 자극적이며 독성이 있으므로 피부에 직접 닿거나 증기를 흡입하지 않도록 주의한다.

2. 합성된 나일론은 절대로 맨손으로 만지지 말고, 반응 후에 남은 용액은 반드시 회수해서 적절하게 처리해야 한다.

IV 실험기구 및 시약

헥사메틸렌디아민, 염화아디프산, 디클로로메탄, 수산화나트륨, 핫플레이트, 저울, 250 mL 비커, 100 mL 비커, 50 mL 메스실린더, 유리막대, 핀셋, 약수저, 파스츄어 피펫

V 실험방법

1. 염화아디프산 2 g을 디클로로메탄 50 mL에 녹인 다음 250 mL 비커에 옮긴다.

2. 50 mL의 물이 들어 있는 다른 비커에 수산화나트륨 1 g을 녹인 후, 헥사메틸렌디아민 1.5 g을 넣는다.

주의

상온에서는 헥사메틸렌디아민(녹는점:42℃)이 굳어 있으므로 중탕하여 사용한다.

3. 이 용액을 염화아디프산 용액이 담긴 비커의 벽면을 따라 서서히 부어 넣는다.

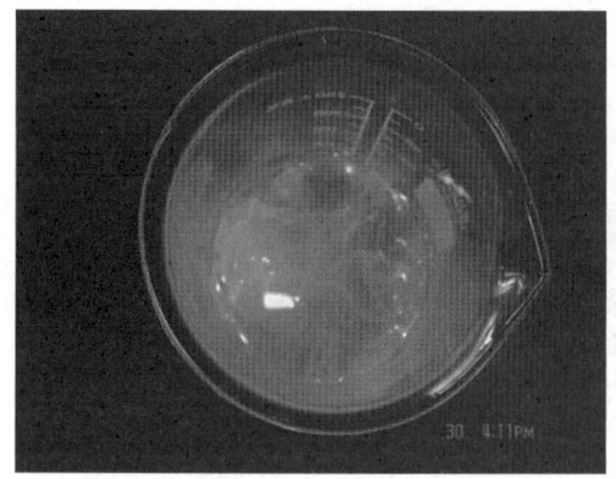

4. 생성된 나일론을 핀셋으로 조심스럽게 들어 올려 유리막대에 걸친 후, 유리막대를 돌리면서 감아낸다.

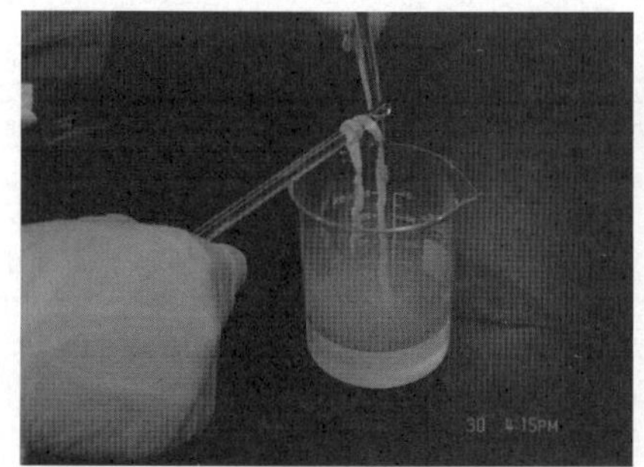

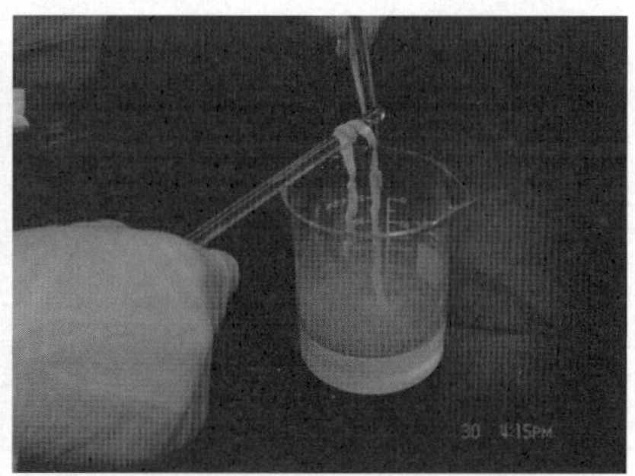

5. 다 감아낸 나일론을 즉시 물로 씻은 후, 공기 중에서 건조시킨다. 만들어진 나일론을 양손으로 잡고 당겨본다.

실험 ▸ 20

예비보고서

memo

실험일자 ....

memo

memo

memo

memo

결과보고서

실험일자 ....

memo

1. 나일론의 합성

시 약	사용량(g)	몰 수
염화아디프산		
헥사메틸렌디아민		
수산화나트륨		

나일론의 이론적 생성량

______________________ g

실험에서의 수득량

______________________ g

수득률

______________________ g

memo

2. 헥사메틸렌디아민 수용액에 수산화나트륨을 넣는 이유는 무엇인가?

3. 염화세바코일과 헥사메틸렌디아민을 반응시켜 나일론 6, 10을 만들 수 있다. 이 반응의 반응식을 쓰시오.

memo

생각해보기

memo

부록

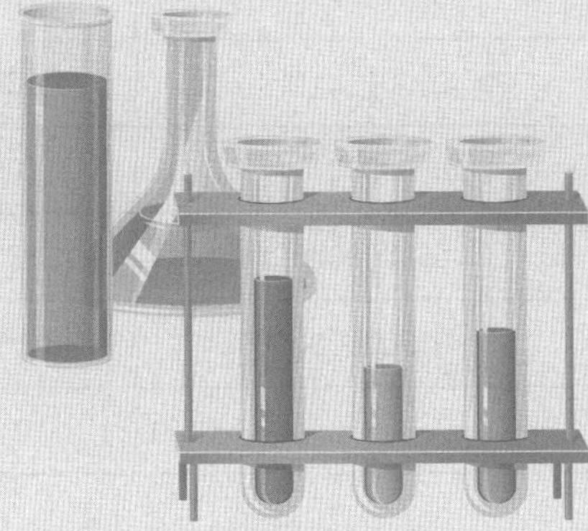

표 1 SI 기본 단위

물리적인 양(차원)	단위	약칭
질량	킬로그램	kg
길이	미터	m
시간	초	s
온도	켈빈	K
전류	암페어	A
물질의 양	몰	mol
빛의 세기	칸델라	cd

표 2 SI 단위에 자주 사용되는 십진법 접두사

접두사*	접두사 기호	단어	일반적 표기	지수 표기
테라	T	조	1,000,000,000,000	1×10^{12}
기가	G	십억	1,000,000,000	1×10^{9}
메가	M	백만	1,000,000	1×10^{6}
킬로	k	천	1,000	1×10^{3}
헥토	h	백	100	1×10^{2}
데카	da	십	10	1×10^{1}
—	—	일	1	1×10^{0}
데시	d	십분의 일	0.1	1×10^{1}
센티	c	백분의 일	0.01	1×10^{2}
밀리	m	천분의 일	0.001	1×10^{3}
마이크로	μ	백만분의 일	0.000001	1×10^{6}
나노	n	십억분의 일	0.000000001	1×10^{9}
피코	p	일조분의 일	0.000000000001	1×10^{12}
펨토	f	천조분의 일	0.000000000000001	1×10^{15}

표 3 자주 사용하는 SI－영미 단위의 등가

양	SI	SI 등가	영미식	영미-SI 등가
길이	1 킬로미터(1 km)	1000(10^3) 미터	0.6214 마일(mi)	1 마일 = 1.609 km
	1 미터(m)	100(10^2) 센티미터	1.094 야드(yd)	1 야드 = 0.9144 m
		1000 밀리미터(mm)	39.37 인치(in)	1 피트(ft) = 0.3048 m
	1 센티미터(cm)	0.01(10^2) 미터	0.3937 인치	1 인치 = 2.54 cm(정확히)
부피	1 세제곱미터(m^3)	1,000,000(10^6)	35.31 세제곱피트(ft^3)	1 세제곱피트 = 0.02832 m^3
	1 세제곱데시미터(dm^3)	1000 세제곱센티미터	0.2642 갤런(gal)	1 갤런 = 3.785 dm^3
			1.057 쿼트	1 쿼트 = 0.9464 dm^3
				1 쿼트 = 946.4 cm^3
	1 세제곱센티미터(cm^3)	0.001 dm^3	0.03381액체 온스	1 액체 온스 = 29.57 cm^3
질량	1 킬로그램(kg)	1000 그램	2.205 파운드(lb)	1 파운드 = 0.4536 kg
	1 그램(g)	1000 밀리그램(mg)	0.03527 온스(oz)	1 온스 = 28.35 g

표 4 온도에 따른 물의 밀도

온도 (℃)	밀도 (g/mL)	온도 (℃)	밀도 (g/mL)
0	0.99984	21	0.99800
1	0.9999	22	0.99777
2	0.99994	23	0.99754
3	0.99997	24	0.99730
4	0.99998	25	0.99705
5	0.99997	26	0.99679
6	0.99994	27	0.99652
7	0.99990	28	0.99624
8	0.99985	29	0.99575
9	0.99978	30	0.99565
10	0.99970	31	0.99534
11	0.99961	32	0.99503
12	0.99950	33	0.99471
13	0.99938	34	0.99437
14	0.99925	35	0.99403
15	0.9991	36	0.99369
16	0.99895	37	0.99333
17	0.99878	38	0.99297
18	0.99860	39	0.99260
19	0.99841	40	0.99222
20	0.99821	41	0.99183

표 5 온도에 따른 수증기압

온도 (℃)	수증기압(mmHg)	온도 (℃)	수증기압(mmHg)
0	4.58	33	37.7
5	6.54	34	39.9
10	9.21	35	42.18
15	12.79	40	55.32
20	17.54	45	71.88
21	18.6	50	92.51
22	19.8	55	118.04
23	21.1	60	149.38
24	22.4	65	187.54
25	23.76	70	233.7
26	25.2	75	289.1
27	26.7	80	355.1
28	28.3	85	433.6
29	30.0	90	525.8
30	31.82	95	633.9
31	33.7	100	760.0
32	35.7		

표 6 표준 환원 전위

반쪽 반응	$E°$(V)
$F_2(g) + 2e^- \longrightarrow 2F^-(aq)$	+2.87
$O_3(g) + 2H^+(aq) + 2e^- \longrightarrow O_2(g) + H_2O$	+2.07
$Co^{3+}(aq) + e^- \longrightarrow Co^{2+}(aq)$	+1.82
$H_2O_2(aq) + 2H^+(aq) + 2e^- \longrightarrow 2H_2O$	+1.77
$PbO_2(s) + 4H^+(aq) + SO_4^{2-}(aq) + 2e^- \longrightarrow PbSO_4(s) + 2H_2O$	+1.70
$Ce^{4+}(aq) + e^- \longrightarrow Ce^{3+}(aq)$	+1.61
$MnO_4^-(aq) + 8H^+(aq) + 5e^- \longrightarrow Mn^{2+}(aq) + 4H_2O$	+1.51
$Au^{3+}(aq) + 3e^- \longrightarrow Au(s)$	+1.50
$Cl_2(g) + 2e^- \longrightarrow 2Cl^-(aq)$	+1.36
$Cr_2O_7^{2-}(aq) + 14H^+(aq) + 6e^- \longrightarrow 2Cr^{3+}(aq) + 7H_2O$	+1.33
$MnO_2(s) + 4H^+(aq) + 2e^- \longrightarrow Mn^{2+}(aq) + 2H_2O$	+1.23
$O_2(g) + 4H^+(aq) + 4e^- \longrightarrow 2H_2O$	+1.23
$Br_2(l) + 2e^- \longrightarrow 2Br^-(aq)$	+1.07
$NO_3^-(aq) + 4H^+(aq) + 3e^- \longrightarrow NO(g) + 2H_2O$	+0.96
$2Hg^{2+}(aq) + 2e^- \longrightarrow Hg_2^{2+}(aq)$	+0.92
$Hg_2^{2+}(aq) + 2e^- \longrightarrow 2Hg(l)$	+0.85
$Ag^+(aq) + e^- \longrightarrow Ag(s)$	+0.80
$Fe^{3+}(aq) + e^- \longrightarrow Fe^{2+}(aq)$	+0.77
$O_2(g) + 2H^+(aq) + 2e^- \longrightarrow H_2O_2(aq)$	+0.68
$MnO_4^-(aq) + 2H_2O + 3e^- \longrightarrow MnO_2(s) + 4OH^-(aq)$	+0.59
$I_2(s) + 2e^- \longrightarrow 2I^-(aq)$	+0.53
$O_2(g) + 2H_2O + 4e^- \longrightarrow 4OH^-(aq)$	+0.40
$Cu^{2+}(aq) + 2e^- \longrightarrow Cu(s)$	+0.34
$AgCl(s) + e^- \longrightarrow Ag(s) + Cl^-(aq)$	+0.22
$SO_4^{2-}(aq) + 4H^+(aq) + 2e^- \longrightarrow SO_2(g) + 2H_2O$	+0.20
$Cu^{2+}(aq) + e^- \longrightarrow Cu^+(aq)$	+0.15
$Sn^{4+}(aq) + 2e^- \longrightarrow Sn^{2+}(aq)$	+0.13
$2H^+(aq) + 2e^- \longrightarrow H_2(g)$	0.00
$Pb^{2+}(aq) + 2e^- \longrightarrow Pb(s)$	−0.13
$Sn^{2+}(aq) + 2e^- \longrightarrow Sn(s)$	−0.14
$Ni^{2+}(aq) + 2e^- \longrightarrow Ni(s)$	−0.25
$Co^{2+}(aq) + 2e^- \longrightarrow Co(s)$	−0.28
$PbSO_4(s) + 2e^- \longrightarrow Pb(s) + SO_4^{2-}(aq)$	−0.31
$Cd^{2+}(aq) + 2e^- \longrightarrow Cd(s)$	−0.40
$Fe^{2+}(aq) + 2e^- \longrightarrow Fe(s)$	−0.44
$Cr^{3+}(aq) + 3e^- \longrightarrow Cr(s)$	−0.74
$Zn^{2+}(aq) + 2e^- \longrightarrow Zn(s)$	−0.76
$2H_2O + 2e^- \longrightarrow H_2(g) + 2OH^-(aq)$	−0.83
$Mn^{2+}(aq) + 2e^- \longrightarrow Mn(s)$	−1.18
$Al^{3+}(aq) + 3e^- \longrightarrow Al(s)$	−1.66
$Be^{2+}(aq) + 2e^- \longrightarrow Be(s)$	−1.85
$Mg^{2+}(aq) + 2e^- \longrightarrow Mg(s)$	−2.37
$Na^+(aq) + e^- \longrightarrow Na(s)$	−2.71
$Ca^{2+}(aq) + 2e^- \longrightarrow Ca(s)$	−2.87
$Sr^{2+}(aq) + 2e^- \longrightarrow Sr(s)$	−2.89
$Ba^{2+}(aq) + 2e^- \longrightarrow Ba(s)$	−2.90
$K^+(aq) + e^- \longrightarrow K(s)$	−2.93
$Li^+(aq) + e^- \longrightarrow Li(s)$	−3.05

↑ 산화제의 세기 증가 (아래에서 위로)

↓ 환원제의 세기 증가 (위에서 아래로)

표 7 양이온과 음이온의 이름

양이온	음이온
구리(I) 이온 또는 제일구리 이온(Cu^+)	과망가니즈산 이온(MnO_4^-)
구리(II) 이온 또는 제이구리 이온(Cu^{2+})	과산화 이온(O_2^{2-})
소듐 이온(Na^+)	브로민화 이온(Br^-)
납(II) 이온 또는 제이납 이온(Pb^{2+})	사이안화 이온(CN^-)
리튬 이온(Li^+)	산화 이온(O^{2-})
마그네슘 이온(Mg^{2+})	수산화 이온(OH^-)
망가니즈(II) 이온 또는 제일망가니즈 이온(Mn^{2+})	수소화 이온(H^-)
바륨 이온(Ba^{2+})	싸이오사이안산 이온(SCN^-)
세슘 이온(Cs^+)	아이오딘화 이온(I^-)
수소 이온(H^+)	아질산 이온(NO_2^-)
수은(I) 이온 또는 제일수은 이온($Hg2^{2+}$)	아황산 이온(SO_3^{2-})
수은(II) 이온 또는 제이수은 이온(Hg^{2+})	염소산 이온($ClO3^-$)
스트로튬 이온(Sr^{2+})	염화 이온(Cl^-)
아연 이온(Zn^{2+})	인산 수소 이온(HPO_4^{2-})
알루미늄 이온(Al^{3+})	인산 이온($PO43^-$)
암모늄 이온(NH_4^+)	인산 이수소 이온($H_2PO_4^-$)
은 이온(Ag^+)	중크로뮴산 이온($Cr_2O_7^{2-}$)
주석(II) 이온 또는 제일주석 이온(Sn^{2+})	질산 이온(NO_3^-)
철(II) 이온 또는 제일철 이온(Fe^{2+})	질화 이온(N^{3-})
철(III) 이온 또는 제이철 이온(Fe^{3+})	크로뮴산 이온(CrO_4^{2-})
카드뮴 이온(Cd^{2+})	탄산 수소 이온 또는 중탄산 이온(HCO_3^-)
포타슘 이온(K^+)	탄산 이온(CO_3^{2-})
칼슘 이온(Ca^{2+})	플루오린화 이온(F^-)
코발트(II) 이온 또는 제일코발트 이온(Co^{2+})	황산 이온(SO_4^{2-})
크로뮴(III) 이온 또는 제이크로뮴 이온(Cr^{3+})	황산 수소 이온(HSO_4^-)
루비듐 이온(Rb^+)	황화 이온(S^{2-})

표 8 비열

물질	(J/g·˚C)
Al	0.900
Au	0.129
C(흑연)	0.720
C(다이아몬드)	0.502
Cu	0.385
Fe	0.444
Hg	0.139
H_2O	4.184
C_2H_5OH(에탄올)	2.460

표 9 일상생활에서의 물질의 pH

시료	pH 값
위산	1.0~2.0
레몬 주스	2.4
식초	3.0
자몽 주스	3.2
오렌지 주스	3.5
소변	4.8~7.5
대기 중에 노출된 물	5.5
타액	6.4~6.9
우유	6.5
순수한 물	7.0
혈액	7.35~7.45
눈물	7.4
마그네시아 우유	10.6
가정용 암모니아	11.5

표 10 산 이온화 상수

산 이름	화학식	구조	K_a	짝염기	K_b
플루오린화 수소산	HF	H—F	7.1×10^{-4}	F^-	1.4×10^{-11}
아질산	HNO_2	O=N—O—H	4.5×10^{-4}	NO_2^-	2.2×10^{-11}
아세틸살리실산 (아스피린)	$C_9H_8O_4$	C_6H_4(—C(=O)—O—H)(—O—C(=O)—CH_3)	3.0×10^{-4}	$C_9H_7O4^-$	3.3×10^{-11}
폼산	HCOOH	H—C(=O)—O—H	1.7×10^{-4}	$HCOO^-$	5.9×10^{-11}
아스코브산	$C_6H_8O_6$	H—O—C=C(—OH)—C(=O)—O—C(H)(—CHOH—CH_2OH) (고리)	8.0×10^{-5}	$C_6H_7O_6^-$	1.3×10^{-10}
벤조산	C_6H_5COOH	C_6H_5—C(=O)—O—H	6.5×10^{-5}	$C_6H_5COO^-$	1.5×10^{-10}
아세트산	CH_3COOH	CH_3—C(=O)—O—H	1.8×10^{-5}	CH_3COO^-	5.6×10^{-10}
사이안화수소산	HCN	H—C≡N	4.9×10^{-10}	CN^-	2.0×10^{-5}
페놀	C_6H_5OH	C_6H_5—O—H	1.3×10^{-10}	$C_6H_5O^-$	7.7×10^{-5}

표 11 염기 이온화 상수

염기 이름	화학식	구조	K_a	짝산	K_b
에틸아민	$C_2H_5NH_2$	$CH_3—CH_2—\ddot{N}H—H$	5.6×10^{-4}	$C_2H_5NH_3^+$	1.8×10^{-11}
메틸아민	CH_5NH_2	$CH_3—\ddot{N}H—H$	4.4×10^{-4}	$CH_3NH_3^+$	2.3×10^{-11}
카페인	$C_8H_{10}N_4O_2$	(카페인 구조식: H_3C, CH_3, CH_3, O, O, N, C—H)	4.1×10^{-4}	$C_8H_{11}N_4O_2^+$	2.4×10^{-11}
암모니아	NH_3	$H—\ddot{N}H—H$	1.8×10^{-5}	NH_4^+	5.6×10^{-10}
피리딘	C_5H_5N	(피리딘 고리) N:	1.7×10^{-9}	$C_5H_5NH^+$	5.9×10^{-6}
아닐린	$C_6H_5NH_2$	(벤젠 고리)$—\ddot{N}H—H$	3.8×10^{-10}	$C_6H_5NH_3^+$	2.6×10^{-5}
요소	$(NH_2)_2CO$	$H—\ddot{N}H—C(=O)—\ddot{N}H—H$	1.5×10^{-14}	$H_2NCONH_3^+$	0.67

표 12 산-염기 지시약

지시약	색		pH 범위
	산에서	염기에서	
티몰 블루	빨강	노랑	1.2~2.80
브로모페놀 블루	노랑	청자색	3.0~4.60
메틸 오렌지	주황	노랑	3.1~4.40
메틸 레드	빨강	노랑	4.2~6.30
클로로페놀 블루	노랑	빨강	4.8~6.40
브로모티몰 블루	노랑	파랑	6.0~7.60
크레졸 레드	노랑	빨강	7.2~8.80
페놀프탈레인	무색	적자색	8.3~10.0

표 13 용해도곱 상수

화합물	K_{sp}	화합물	K_{sp}
브로민화 구리(I) (CuBr)	4.2×10^{-8}	탄산 스트론튬 ($SrCO_3$)	1.6×10^{-9}
브로민화 은 (AgBr)	7.7×10^{-13}	탄산 은 (Ag_2CO_3)	8.1×10^{-12}
수산화 구리(II) [Cu(OH)2]	2.2×10^{-2}	탄산 칼슘 ($CaCO_3$)	8.7×10^{-9}
수산화 마그네슘 [$Mg(OH)_2$]	1.2×10^{-11}	플루오린화 납(II) (PbF_2)	4.1×10^{-8}
수산화 아연 [$Zn(OH)_2$]	1.8×10^{-14}	플루오린화 바륨 (BaF_2)	1.7×10^{-6}
수산화 알루미늄 [$Al(OH)_3$]	1.8×10^{-33}	플루오린화 칼슘(CaF_2)	4.0×10^{-11}
수산화 철(II) [$Fe(OH)_2$]	1.6×10^{-14}	황산 바륨 ($BaSO_4$)	1.1×10^{-1}
수산화 철(III) [Fe(OH)3]	1.1×10^{-36}	황산 스트론튬 ($SrSO_4$)	3.8×10^{-7}
수산화 칼슘 [$Ca(OH)_2$]	8.0×10^{-6}	황산 은 (Ag_2SO_4)	1.4×10^{-5}
수산화 크로뮴(III) [$Cr(OH)_3$]	3.0×10^{-29}	황화 구리(II) (CuS)	6.0×10^{-37}
염화 납(II) ($PbCl_2$)	2.4×10^{-4}	황화 납(II) (PbS)	3.4×10^{-28}
염화 수은(I) (Hg_2Cl_2)	3.5×10^{-18}	황화 니켈(II) (NiS)	1.4×10^{-24}
염화 은 (AgCl)	1.6×10^{-1}	황화 망가니즈(II) (MnS)	3.0×10^{-14}
아이오딘화 구리(I) (CuI)	5.1×10^{-12}	황화 비스무트 (Bi_2S_3)	1.6×10^{-72}
아이오딘화 납(II) (PbI_2)	1.4×10^{-8}	황화 수은(II) (HgS)	4.0×10^{-54}
아이오딘화 은 (AgI)	8.3×10^{-17}	황화 아연 (ZnS)	3.0×10^{-23}
인산 칼슘 [$Ca_3(PO_4)_2$]	1.2×10^{-26}	황화 은 (Ag_2S)	6.0×10^{-51}
크로뮴산 납(II) ($PbCrO_2$)	2.0×10^{-14}	황화 주석(II) (SnS)	1.0×10^{-26}
탄산 납(II) ($PbCO_3$)	3.3×10^{-14}	황화 철(II) (FeS)	6.0×10^{-19}
탄산 마그네슘 ($MgCO_3$)	4.0×10^{-5}	황화 카드뮴 (CdS)	8.0×10^{-28}
탄산 바륨 ($BaCO_3$)	8.1×10^{-9}	황화 코발트(II) (CoS)	4.0×10^{-21}

표 14 착물 형성 상수

착이온	평형식	형성 상수 (K_f)
$Ag(NH_3)_2^+$	$Ag^+ + 2NH_3 \rightleftharpoons Ag(NH_3)_2^+$	1.5×10^7
$Ag(CN)_2^-$	$Ag^+ + 2CN^- \rightleftharpoons Ag(CN)_2^-$	1.0×10^{21}
$Cu(CN)_4^{2-}$	$Cu^{2+} + 4CN^- \rightleftharpoons Cu(CN)_4^{2-}$	1.0×10^{25}
$Cu(NH_3)_4^{2+}$	$Cu^{2+} + 4NH_3 \rightleftharpoons Cu(NH_3)_4^{2+}$	5.0×10^{13}
$Cd(CN)_4^{2-}$	$Cd^{2+} + 4CN^- \rightleftharpoons Cd(CN)_4^{2-}$	7.1×10^{16}
CdI_4^{2-}	$Cd^{2+} + 4I^- \rightleftharpoons CdI_4^{2-}$	2.0×10^6
$HgCl_4^{2-}$	$Hg^{2+} + 4Cl^- \rightleftharpoons HgCl_4^{2-}$	1.7×10^{16}
HgI_4^{2-}	$Hg^{2+} + 4I^- \rightleftharpoons HgI_4^{2-}$	2.0×10^{30}
$Hg(CN)_4^{2-}$	$Hg^{2+} + 4CN^- \rightleftharpoons Hg(CN)_4^{2-}$	2.5×10^{41}
$Co(NH_3)_6^{3+}$	$Co^{3+} + 6NH_3 \rightleftharpoons Co(NH_3)_6^{3+}$	5.0×10^{31}
$Zn(NH_3)_4^{2+}$	$Zn^{2+} + 4NH_3 \rightleftharpoons Zn(NH_3)_4^{2+}$	2.9×10^9

편저자 소개

▶ 인하대학교 화학과
▶ 전남대학교 화학과

일반화학실험

2016년 3월 1일 3판 1쇄 발행
2026년 2월 25일 3판 11쇄 발행

편저자와의
합의로
인지 첨부를
생략함

편저자 대학화학교재편찬회
발행인 박 종 성
발행처 사이플러스 Science plus
주 소 (우)07202 서울특별시 영등포구 양평로 30길 14
세종앤까뮤스퀘어 1106호
전 화 332_6171 / 팩스 332_6185
등 록 2005.10.20. 제2022-000100호

ISBN 978-89-92603-92-8 93430 값 19,000원